科普热点

应对危机
——高科技与防灾

黄明哲 主编

中国科学技术出版社
·北京·

图书在版编目(CIP)数据

应对危机：高科技与防灾/黄明哲主编.－－北京：中国科学技术出版社，2013（2019.9重印）

（科普热点）

ISBN 978-7-5046-5749-7

Ⅰ.①应... Ⅱ.①黄... Ⅲ.①高技术-应用-灾难防治-普及读物 Ⅳ.①X4-49

中国版本图书馆CIP数据核字（2011）第005478号

中国科学技术出版社出版

北京市海淀区中关村南大街16号　邮政编码：100081

电话：010-62173865　传真：010-62173081

http://www.cspbooks.com.cn

中国科学技术出版社有限公司发行部发行

莱芜市凤城印务有限公司印刷

*

开本：700毫米×1000毫米 1/16　印张：10　字数：200千字

2013年3月第1版　2019年9月第2次印刷

ISBN 978-7-5046-5749-7/X・107

印数：5001-25000册　定价：29.90元

前言

科学是理想的灯塔！

她是好奇的孩子，飞上了月亮，又飞向火星；观测了银河，还要观测宇宙的边际。

她是智慧的母亲，挺身抗击灾害，究极天地自然，检测地震海啸，防患于未然。

她是伟大的造梦师，在大银幕上排山倒海、星际大战，让古老的魔杖幻化耀眼的光芒……

科学助推心智的成长！

电脑延伸大脑，网络提升生活，人类正走向虚拟生存。

进化路漫漫，基因中微小的差异，化作生命形态的千差万别，我们都是幸运儿。

穿越时空，科学使木乃伊说出了千年前的故事，寻找恐龙的后裔，复原珍贵的文物，重现失落的文明。

科学与人文联手，人类变得更加睿智，与自然和谐，走向可持续发展……

《科普热点》丛书全面展示宇宙、航天、网络、影视、基因、考古等最新科技进展，邀您驶入实现理想的快车道，畅享心智成长的科学之旅！

作 者

2013年1月

《科普热点》丛书编委会

目　录

第一篇
灾难见真情

抗震住房
拯救生命

　　自古以来地震就是威胁着人们家园的"死神"。1976年7月28日3点42分53.8秒，中国唐山发生的7.8级地震夺去了24.2万多人的生命。2008年5月12日14时28分04秒，汶川8级强震重创了50多万平方公里的中国大地，至少夺走了6.9万多人的生命，这还不包括近两万的失踪人口。2011年3月11日，日本时间14时46分，日本发生了震惊世界的9.0级"东日本大地震"，不仅夺走了1.4万多人的生命，更在地震后引发超级海啸，造成福岛核电站的严重核泄漏事故。地震这个死神已经带给人类太多的伤害，难道我们只有坐以待毙吗？

汶川大地震

　　在古代，人们以为地震是大自然对人类的惩罚，在地震来临的时候向上天祈祷。然而，地震不是什么来自上天的惩罚，而是地球内部运动产生了震波，从而引起地面振动。人们所感觉到的，就是大地的震动、建筑的摇晃。

地震其实经常发生，但大多是轻微的，无感觉的。可是，严重的地震会使房屋倒塌，造成人员伤亡。当前的科学手段还无法准确预测地震，因此，房屋的抗震设计是将地震危害降到最低的途径之一。

对于处于环太平洋地震带上的岛国日本来说，房屋的抗震设计是不可或缺的，他们的抗震设计在世界上处于前列。2011年3月11日，9.0级"东日本大地震"使全世界的目光聚集在了日本这个多震的国家。面对超级大地震，虽然日本也有不少人丧命，但大多数人是受害于近海岸发生的大海啸，而不是房屋坍塌。这再一次告诉人们房屋抗震设计的重要性，那么日本抗震设计到底有何奥秘呢？

针对不同的房屋类型，抗震设计大致分为4种。

地震震级：地震震级是根据地震时释放的能量的大小而定的。地震释放的能量越多，地震震级就越大。目前国际上一般采用美国地震学家查朗斯·弗朗西斯·芮希特和宾诺·古腾堡于1935年共同提出的震级划分法，即现在通常所说的里氏地震规模。但地震造成的实际危害还要看震源的深度和离城市的距离，有些发生在较深地层的地震，虽然震级较大，但在地面上引发的危害却比较小。

◀ 日本大地震

2011 年 3 月 11 日北京时间 13 时 46 分，日本本州岛附近海域发生了 9.0 级强震，为世界地震观测史上最高震级。大地震给日本带来了巨大的冲击，尤其是伴随地震而来的海啸和危及许多人性命的核泄漏，更是让这次灾难难以在短期内收场。福岛核电站排放有毒的废水，引起世界各国的担忧。全世界在重新审视核电发展思路。

第一，用刚性结构提高建筑物的抗震性能。在日本，高层公寓销售势头很旺，为什么高楼在常发生地震的日本还会受到如此大的欢迎呢？其中一个重要因素是这些高层公寓多半使用了刚性结构。在地震来临时，柔性结构的公寓楼楼体摇动比较大，而采取了刚性结构后，楼体的摇动幅度大大降低。

第二，使用橡胶提高建筑物的抗震性能。在日本东京有一些免震结构公寓，建筑物的外围使用了多层高强度的橡胶，中央部分则使用了天然的积层橡胶。在地震发生时，橡胶可以为建筑物减少至少一半的受力。另外，日本许多超高层楼房用的抗震装置，使用的是类似橡胶的黏弹性体，这种装置可减少强风对建筑的冲击，还能够提高抗震能力。

第三，采用"局部浮力"的抗震系统。"局部浮力"，即在传统抗震构造上借助水的浮力支撑整个建筑物。普通的抗震结构是把建筑物的上层结构与地基分开，在中间加入橡胶等填充物，在地震来临时起到缓冲作用。"局部浮力"系统则更胜一筹，它是在上层结构与地基之间设置贮水槽。别看水是如此的温和，但它的缓冲能力却是不可忽视的。

最后一种是"滑动体"抗震结构，"滑动体"基础能提高建筑物抗震性。常常用在独户别墅和古旧独户建筑上，建筑师们在建筑物与基础之间加上球型轴承或滑动体，形成一个滚动式支撑结构，既可以减轻地震造成的摇动，又能减缓楼房的摇晃。滑动体结构也可以用于大型建筑，中国台湾也是处于地震带上，而著名的摩天大楼——台北101大厦，就采用了"滑动体"结构。

随着科技不断发展，抗震设计也不断有新的突破。目前，许多国家在高层建筑的抗震设计上各有突破。例如，美国建筑师尝试把纽约一栋42层的高楼建在与基础分离的98个橡胶弹簧上；日本尝试在弧型钢条上建防震高楼；中国正在尝试刚柔性隔震、减震、消震建筑结构与抗震低层楼房的加层结构，这些都给人以新的启发。每一个新的抗震结构的出现，都增加了我们与地震对抗的胜算，帮助我们从死神手里拉回更多人的生命，也许以后在地震面前，我们不会再显得像现在这样渺小。

在废墟中搜寻希望

地震总是发生于一瞬间，让人措手不及，短短几秒钟的山崩地裂后，留下一片废墟。可是，人类的生命力是顽强的，就算只是一片废墟，仍然会有生命的迹象。地震后，各国会立即出动救援队伍，使用高科技设备进行救援，就像一首歌唱的那样："无论你在哪里，我都要找到你"。在震后，遥感飞机、蛇眼、生命探测仪则成了救援的最大帮手。

探测设备是震后
救援最大的帮手

地震发生后的72个小时被称为"黄金72小时"。在这72个小时里，救援的成功可能性最大。要使用最好的高科技设备对灾区进行搜寻，寻找废墟下的生命。此时，遥感飞机、蛇眼、生命探测仪就成了必备的设备。为了使救援更加全面、快速，这三样设备都是协同使用的，那么它们到底有多大的能力呢？

　　遥感飞机可分为有人驾驶和无人驾驶两种，可以进行高空或低空飞行，到了危险地区，常常采用无人驾驶遥感飞机。在地震后，遥感飞机肩负起探测任务，一般会进行改装，装配先进的GPS导航系统和POS系统等，GPS导航是利用卫星对飞机自身进行准确定位，POS系统则是参照飞机的定位，对地面物体进行观测定位。在地震刚发生时，道路不通，通信中断，余震不断，气象条件十分恶劣，情况不明则是抢险救灾最为担忧的问题，由于卫星一时难以获得清晰的地面

　　在每一次的地震中都有许多生命逝去，也有很多生命被幸运地救起，生死之间，方见真情。在汶川地震中，中学教师谭千秋张开双臂趴在一张课桌上，死死地护着桌下的4个孩子。最终4个孩子生还，而谭千秋却永远无法看见孩子们的笑脸了。

◀ 探测设备是地震救援最大的帮手

搜救犬，并不只有冷冰冰的机器才能够快速地找到废墟下的生还者。狗在经过专业培训后，也可以成为百发百中的搜索行家。狗对气味的辨别能力比人高出百万倍，听力是人的18倍，视野广阔，在光线微弱的条件下有视物的能力，是国际上普遍认为搜救效果最好的"设备"。

图像，无人驾驶遥感飞机及时出击，能够帮助人们掌握受灾情况，为抢险救灾决策提供科学支持。

在寻找生还者时，不可能将倒塌的混凝土墙一块块抬起来寻找，这时，生命探测仪起了至关重要的作用。生命探测仪分为热红外生命探测仪和声波振动生命探测仪。热红外生命探测仪具有夜视功能，通过温度的差异来显示目标，在黑暗中也可照常工作。声波振动生命探测仪通过声波进行探测，它可以识别被困者发出的声音。这种仪器拥有3～6个耳朵——拾振器，也叫振动传感器。人类根据两个耳朵接收声波的微小差异来判断声音来源的方位，声波振动生命探测仪也是一样，它根据各个耳朵听到声音先后的微小差异来判定幸存者的具体位置。这种仪器对人的发声频率最为敏感，说话的声音最容易识别。即便幸存者已不能说话，只要用手指轻轻敲击物体，发出微小的声响，也能够被它听到。

房屋废墟间的缝隙十分狭小，一旦找到生还者后，要探明他们的状况，就需要"蛇眼"帮忙。"蛇眼"，学名叫"光学生命探测仪"。"蛇眼"仪器的主体非常柔韧，就像一条灵活的蛇一样，能够在瓦砾堆中扭动穿行。"蛇眼"前面有细小的探头，还带有照明。它深入极微小的缝隙探测，像摄像机一样把图像传送回来，救援队员就可以把瓦砾深处的情况看个大概。1994年1月17日，美国洛杉矶发生6.6级地震。在地震后，美国加州政府立即派出了300支搜寻营救队应急救援，他们装备的深入到废墟缝隙里面进行拍摄的录像设备就是今天所说的"蛇眼"。"蛇眼"不但在地震救援中大显身手，它在文物勘探方面也是不可或缺的。

▼ 搜救犬也能快速找到废墟下的生还者

在地震后投入救援的高科技装备还有很多。例如，我国自行研制的蛇形机器人，可以用于灾害救援，搜寻失踪人员。又如定位受灾人员后，需要使用液压钳和液压扩张器等设备，用来把钢筋压断，解救被困在钢筋混凝土中的人员。还有用于调度和预警救援人员的遥感设备和通讯设备等。

只要能从死神手里救下更多人的生命，科学家就会不断地进行研究。随着当代科技的日益发展与成熟，震后救援设备将越来越高效、精准，在死神面前我们也能够变得更加强大。

9

迎接惊涛骇浪
——海啸预警系统

海啸的杀伤力十分大，但是它却不像地震一般难以捉摸、让人措手不及，就如监测滑坡一样，我们可以建立预警系统来随时监测海中的情况，于是高科技海啸预警系统就这样诞生了。

日本大地震引发海啸

说起海啸预警系统，还要提到日本。日本是岛国，也是地震和海啸频发的地带，在历史上曾遭受过数次大海啸的袭击。1771年，日本八重山群岛遭遇海浪达85米之高的海啸，12000多人因此而丧生；1896年的明治三陆地震引发海啸，最高达38.2米的海浪吞噬了2.2万多条生命；1960年智利地震所引起的海啸波及日本，造成140人丧生。

科技进入现代，日本开始设立海啸预警系统，目前日本的海啸预警系统是世界最先进的。在2011年3月11日的日本大地震中，突如其来的海啸造成了近1.4万人死亡、近万人失踪的惨剧，但先进的预警系统在震前数秒发挥作用，给了人们几分钟行动的时间，挽救了不少人的生命。遗憾的是，此次地震距离海岸实在太近，实际的地震震级一时难以确定，导致日本气象厅的海啸预警一发再发，最后发布10米以上海啸警报的时间过晚，从而遭到日本媒体的批评。但平心而论，日本气象厅的海啸预警系统还是有效的。

日本在1981年就拥有海啸预报计算机系统，但是预警装备并不齐全。1993年7月12 日,日本发生7.3级大地震,海啸警报没能及时发布。为了更快地

出行旅游遇到海啸：地震是海啸的"排头兵"，如果感觉到较强的震动，就不要靠近海边、江河的入海口。如果听到有关附近地震的报告，要做好防海啸的准备，要记住，海啸有时会在地震发生几小时后到达离震源上千公里的地方，所以在发生地震后，要随时注意情况。

▼ 2004年印度尼西亚海啸后的惨况

海啸的种类并不只有一种，根据不同的诱因，海啸可分成4种类型：气象变化引起的风暴潮、火山爆发引起的火山海啸、海底滑坡引起的滑坡海啸和海底地震引起的地震海啸。地震海啸是海底发生地震时，海底地形急剧升降变动引起海水强烈扰动。其根据不同机制可分为"下降型"海啸和"隆起型"海啸。

发布海啸预警信息，自1994年起日本建立了新一代的海啸预警系统和海底地震监测台网，能在大地震发生后3分钟之内发出可靠的海啸预警信息。3分钟看起来有点长，但考虑到监测到数据后要进行复杂计算，这个速度已经相当快了。

目前，日本拥有180个地震监测装置把地震数据传到6个计算中心，与一个庞大的地震海啸数据库进行模拟对照，如果有海啸来临会立即自动在全国电视网发布。

印度尼西亚也是一个时常受到海啸侵袭的国家。2004年印度洋大海啸给印度洋周边国家带来惨重灾难。2008年，印度尼西亚耗巨资建造的高科技海啸预警系统开始投入使用。这个系统能够从海上探测到地震，并在5分钟内推测地震是否会引起海啸，并能推测海啸的高度和抵达时间。印度尼西亚的预警系统利用浮标，把遍布全国的监测站联系起来，在海底发生地震的时候，能够估算海底地震与海啸的关联程度，然后再把信号传送到监测站，自动发出海啸警报。

说了这么多，究竟为什么地震难以预测，而海啸则可以预警呢？原来，就像打雷的时候我们先看见闪电再听见雷声是因为光速大于音速一样,海啸预警也和速度有关。地震发生后,地震波传播速度比海啸传播速度快20~30倍,所以在远处,地震波要比海啸早到达数十分钟乃至数小时。如果能利用好这个时间差,快速进行地震波资料分析,测定出地震参数,并与预先布设在海中的压强计记录相互比照,就有可能做出这次地震是否会引发海啸、海啸的规模有多大的判断。然后,发出警报通知可能遭受海啸袭击的沿海地区的居民。这样,我们就有希望在受到海啸袭击时,拯救成千上万生命和避免大量的财产损失了。

　　有句话说:既然我不能改变世界,那我就改变自己。在与海啸争分夺秒的竞争中,我们不能改变它,那我们就改变自己,把自己变得更加强大,在不断改进的海啸预警系统的保护下,积极、乐观地生活。

▼ 海啸预警系统

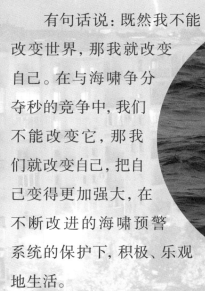

日本核泄漏，拷问核电安全

2011年日本9.0级强震，使日本成为全世界的焦点。随着大地震的发生，海啸紧随其后，但是，真正让全世界都惶恐不安的是福岛第一核电站机组发生爆炸的那一瞬间，人类再次面对核泄漏的危胁。

切尔诺贝利核电站的爆炸是迄今为止最严重的核泄漏事件

早在2011年的日本核电站爆炸发生之前，人类就已经尝到过核泄漏的苦果。1986年，苏联的切尔诺贝利核电站（在今乌克兰内）的爆炸是迄今为止最严重的核泄漏事件，使整个切尔诺贝利地区成为了"无人区"，而人们要在两万年以后才能够再次踏上这片土地，这给人类敲响了核泄露危害的警钟。

从核武器到现在的核电站，老百姓对"核"的了解是："核"是有很大威力的一种神奇的东西，核武器巨大的震慑力，以及核电站能够提供无污染的电力。其实，我们一直都忽视了核泄漏的潜在危险，而在2011年发生的日本核泄漏，则是对人类的又一次警告，提醒我们核辐射所带来的危害。

核辐射能够对人类产生巨大的伤害，有的核辐射能使人全身的细胞在几秒以内被杀死，而有的核辐射则会使人患上许多疾病。核辐射所带来的放射性物质可通过呼吸吸入、皮肤伤口及消化道吸收进入体内，引起内辐射。外辐射可穿透一定距离被机体吸收，使人受到外照射伤害。核辐射会使人患上放射病，使人疲劳、头昏、失眠、皮肤发红、溃疡、出血、脱发、白血病、呕吐、腹泻等。如果受到的辐射剂量很大的话有时还会增加癌症、畸变、遗传性病变的发生

随着日本核泄露事件的发生，在日本周边的国家掀起了一股抢购碘盐的狂潮，只因为一句毫无根据的"碘防辐射"。那么碘真的能防辐射吗？其实，如果按照每千克碘盐含30毫克碘计算，成人需要一次摄入约3千克碘盐，才能达到预防的效果，而且还必须是在核辐射发生的当时。因此，通过食用碘盐防辐射是不可能的。

在日本福岛第一核电站发生爆炸后，有50名工程师留守在核电站。尽管穿着防护服，但对那里的高辐射环境来说还是很不安全的。在惊心动魄的危机处理过程中，留守在核电站中的50名工程师曾一度被下令撤离，但又旋即返回，他们被誉为"福岛50死士"。与此恰成对比的是，当时东京电力公司总裁，有成本杀手之称的清水正孝，在地震发生后措施不当，在核泄漏发生的时候又立即"病倒"了，受到日本各方的严厉谴责。

率，影响几代人的健康。一般讲，身体接受的辐射能量越多，其放射病症状越严重，致癌、致畸风险越大。

福岛核电站发生核泄漏事件后，日本警视厅机动部队队员冒着受到高辐射的危险，对核电站进行注水作业，而守护他们安全的是裹住全身的防护服。这种外表看似一般的防护服是否真的能挡住放射性物质？

发生核泄漏之后，最大的危险来自于尘埃颗粒。这些颗粒会释放出放射线。而消防队员身穿防护服的目的在于不让放射性物质沾在身上，并且防止其吸入体内导致内部辐射。既然防护服是在执行任务时穿的，那么防护服也要追求轻便性。防辐射的防护服出乎意料的轻，重量仅为几百克，完全符合轻便性的要求。防护服质地光滑、通气性较低，长时间穿在身上会有闷热的感觉。而且再加上头盔与防毒面

日本福岛核电站在地震中爆炸并引发核泄漏事故

具，肌肤就不会接触到外界空气。这么一来身穿防护服的消防人员就和外面被污染的空气隔离了。

身穿防护服并戴上头盔与防毒面具，就不用担心放射性物质被吸入体内导致内部辐射。在放射性物质沾在防护服表面的情况下，消防员使用完毕后脱掉并废弃防护服即可。而在那些辐射较为严重的中心区域，则要穿上多层防护服。日本东京消防厅的消防队员们在对核电站进行注水作业时，身上穿着不只是一件防护服，而是三件防护服，消防员在橙色救护服外套上这种防护服，为以防万一再套上一件防火服，这么一来这些服装的总重就约达10公斤了。

对付核泄漏和核辐射，人类还处于探索阶段。但是2011年日本的核泄漏给人类又一次敲响警钟——在享受核能给我们带来的好处的同时，也要时刻保持警惕，确保核电站的安全运行，并且加强对防核辐射的研究。

▲ 防护服能够有效隔离被放射性物质污染的空气

海洋石油泄漏，地球流血不止

为什么会说海洋石油泄漏是一种灾难？要知道，石油所含的苯和甲苯等有毒化合物一旦进入了海洋食物链，从低等的藻类到高等哺乳动物，无一能幸免。这种毒性代代相传，百年都难以消除。

墨西哥湾漏油事件

海洋石油泄漏不是人类开采石油之后才有的事情，海底地震、海底火山爆发都可能引起石油泄漏，但是，自从人类开采石油以来，海洋石油泄漏变得异常频繁，规模不断升级，距离陆地海滩也越来越近。

人们看到，成批海鸟被困在油污中，羽毛沾上油污，海鸟不但会中毒，还无法承受本身的重量，挣扎之后的命运就是溺毙。海豹皮毛被油污沾染后，失去保暖作用，它们一次又一次跃出水面，试图把皮毛上的油污甩掉，但最后终于精疲力竭，挣扎着沉入海底死去。海象和鲸等大型海洋动物也面临同样厄运。潜在的损害进一步扩展到事件发生地的生态系统中。一艘运油船泄漏，上万海洋动物遭殃，环保专家称之为万劫不复的噩梦。

石油一旦污染海滩，清除工作异常艰难。人们很容易想到燃烧的办法，但天然石油很容易跟海水融在一起，产生的黏稠混合物很难燃烧。美国人的土方法是用头发收集油污，但很多油污渗入土壤，靠头发不能吸附。海滩有很多沼泽地，生态环境脆弱，一旦被油污侵入，恢复起来也很困难。

▼ 在墨西哥湾漏油事件中死亡的海鸟

清除油污靠细菌。大自然或许真的有清除油污的办法，科学家发现一种名为海洋螺菌的细菌会"吃"石油。它们有着加工石油的基因。而且数量增长势头非常强劲，因此吞噬石油的能力也非常强大。在清理泄漏石油的过程中帮了大忙，有人称这种细菌是清理泄漏石油的一种"活武器"。

然而，2010年4月20日夜间，人们没有预料到，一场真正的噩梦发生了。位于墨西哥湾的"深水地平线"钻井平台发生爆炸并引发大火，大约36小时后沉入墨西哥湾，11名工作人员死亡。很快，科学家发现，海底采油口发生石油泄漏，4月24日，海岸警卫队证实油井漏油，估计每天泄漏大约1000桶原油。到了4月28日，美国估计每天漏油5000桶，几天之后，上升到3万桶以上。泄漏的石油长驱直入，29日就抵达了路易斯安那州海岸。

此次灾难持续3个月，直到7月15日，英国石油公司才把漏油点堵住。在1500米深度采油不难，一旦漏油，封堵却近乎无望。资本家在利益的驱使下，敢于干没有把握、后果不堪设想的

▶ 墨西哥湾石油污染了上万平方公里的海域

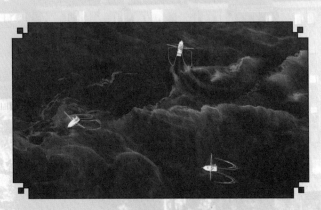

事情。到7月15日为止,究竟漏了多少油难以估算。几十万吨的油轮漏油与此次灾难相比,显然是小巫见大巫。而且海底漏油,石油呈羽毛状上浮,既可以在海面形成污染,也可以在海面下随洋流循环到全球各地,可谓贻害四方。

为了堵住漏油口,美国政府在谴责英国石油公司之余,也不得不拿出全部精力应对,两家甚至在世界范围内征集堵漏方法,奥巴马还亲自致信中国成都居民为堵漏出策。

技术人员先是要封住石油泄漏口,使漏油油井装上新的控油装置后再无原油漏出的迹象。然后提出了"烧油法"、"灭顶法"、"切管盖帽法"。遗憾的是,这些方法先后都失败了,一时间,美国民众甚至鼓噪要在海底引爆核弹来堵住漏油,舆论可谓一片哗然。最终,还是英国石油公司新的控油装置见效,堵住了漏油。

墨西哥湾漏油事件给世界海洋采油业敲响警钟,为了平息舆论争端,各大石油公司不得不纷纷出面表示,要加大投资研究堵漏措施。

治理海洋石油泄漏
——物理法

　　人类为了运输石油和开采海洋石油资源，经常会利用大型船只作为运输工具，但所谓常在海中走，哪有不漏油，总会有这样那样的事故导致石油泄漏。一旦石油泄漏，对海洋生物来说是一场大灾难。这里来介绍清除石油污染的物理法。

围栏法是一种常用的物理除油法

　　围栏法是一种常用的物理除油法，有点像先包围再突击的战斗方法，适用于清除宽阔海面上的石油污染，即省力，也清除得很彻底。操作人员用空的油桶和木条围栏组成海上浮动围墙，把泄漏的石油圈起来，防止原油进一步扩散，然后向水中加入集油剂使油层变厚。集油剂是一种能使石油表面收缩，油层变厚的化学药剂。当油层厚度达到0.5~1厘米时，再用集油泵把原油

▼ 空中俯瞰围栏法治理油污

活性炭是一种非常优良的吸附剂，它是利用木炭、竹炭、各种果壳和优质煤等作为原料，通过物理和化学方法对原料进行破碎、过筛、催化剂活化、漂洗、烘干和筛选等一系列工序加工制造而成。它具有物理吸附和化学吸附的双重特性，可以有选择地吸附气相、液相中的各种物质，以达到脱色精制、消毒除臭和去污提纯等目的。

收集起来。

硬刷撇油器也是常用的集油装置。硬刷撇油器有两种类型，一种是推进式撇油器，撇油速度快，功能可靠；另一种是浮动式撇油器，在海水表面工作，收集石油时能够少量混入海水，而石油占90%以上。浮动式撇油器收集石油时不受海草等杂质干扰。人们可以把撇油器装在船上，船在行进的过程中，从船舷的两侧进行撇油操作，收集漏油。当然，这种工作是非常耗时的。

小范围石油泄漏好处理一些，抛撒吸油材料就很有效。对于大规模的石油泄漏事故来说，它也能作为一种辅助手段使用。通常对吸油材料的要求是吸附油的能力强、可大批量生产或材料来源广泛易得、易于保存、储存期长。前面提到的土办法——头发，也可以算是一种天然吸油材料。另外，草帘、麦杆等吸附性能好的天然材料都可吸收海上石油污染物，而且价格便宜，有很高的实用价值。在1971年美国旧金山湾漏油事故中，回收了1600吨废油，有1520吨是利用麦杆和干草回收的。

当污水中含油较少时，就应该使用活性炭，

它对油的吸附能力比对水的吸附能力高得多。当油水混合物通过活性炭吸附器时，石油会被活性炭吸附而水被过滤分离。当活性炭吸附达到饱和后必须进行脱附处理才可以再次加以利用。

苏联科学家曾研究过用激光设备来清除海上泄漏的原油，设想使用大功率激光发生器照射漂浮在海面上的石油，使石油受热蒸发，再利用真空回收装置收集石油蒸气，然后使其冷却成液态加以回收，但这种方法需要耗费大量能源，且很难将石油中的各种物质都收集起来。因此，用激光来清除油污的办法，在今天来说还只是幻想。

关于激光除油，也有科学家设想，用激光探入油层以下的海水层，进行一定频率的扫射，迫使局部海水沸腾冒泡，把石油托举到海面上，然后再用普通装置集油。这种方法以后或许可以利用。

▲ 清理海滩油污

25

堵住海洋石油泄漏
——化学法

堵住海洋石油泄漏，化学法具有独特的高效率，人们可以通过向泄漏石油的海面上喷洒化学药剂的方法，使石油的分散状态发生改变而得以清除。通常根据石油的分散状态不同，分别可使用胶凝剂、乳化分散剂或破乳剂等化学药剂。在使用化学法时，首要的问题是要尽量减少对海水造成新的污染。实际上，海上堵漏大多是物理法与化学法并用。

使用飞机对受污染海域喷洒化学药剂

科学家发现，石油产品在遇到某些化学药剂时会发生胶凝作用而固化。例如，在汽油或煤油中加入铝盐、钠盐、钙盐、锂盐时会发生凝结而固化，这些化学药剂称为凝固剂或胶凝剂。

在处理泄漏原油时可供选择的胶凝剂有不少。其中有一种胶凝剂是氨基酸的衍生物，生理毒性很低，对鱼类基本没有不良影响，因此受到科学家的青睐。这种胶凝剂与石油作用后，绝大部分保留在石油凝块中，留在海水中的很少，不会对海水造成大的污染。

操作的时候，人们把胶凝剂的水溶液喷洒在被石油污染的海面上，经过海浪的搅拌，胶凝剂与石油迅速发生反应，石油转化为固态，即外观像琼脂的石油凝块。凝固后的石油不再向四周扩散，用普通拉网就可以把它回收。而且，它不会黏附拉网，所以拉网也可以反复使用。同时，这种回收的石油，燃烧性能无大碍，还可以加以利用。用胶凝剂法清理石油，回收率很高，有时高达95%～98%。

如果石油已经大规模扩散，且距离海岸较远，就需要采用乳化法了。换句话说，如果不能

胶凝剂法最适合对原油、重油等重质油的回收，但也可用于汽油、石脑油等轻质油的回收。汽油凝胶的挥发性可降低到原来的1/4左右，所以使汽油发生火灾的可能性大大减少。

收集,就尽快让石油分散开来,这样好让大自然尽快以细菌去蚕食它。

乳化分散法,使用的是具有亲水—亲油两亲结构的表面活性剂,将石油在水中乳化成水包油的乳状液。一旦形成乳状液,石油就失去了对物体的黏附性,不会因黏附在轮船、岩石、海藻等物体的表面而造成污染和危害。同时,石油微粒的表面积大大增加,有利于生物降解,被海水中的氧气或细菌等微生物分解掉。乳化的油滴粒径越小,表面积越大,被海水中的微生物分解的速度就越快,对海洋生物的危害就越小。

显然,在这种方法里,乳化分散剂本身对环境无污染,易于被生物降解。

可是,泄漏在海面上的原油、重油自己也会形成油包水的乳状液,颗粒很大,好像有盔甲似的,

▼ 石油产品在遇到某些化学药剂时会发生胶凝作用而固化

一旦形成，就不易被人工乳化剂扩散，也不易被吸油材料吸收。这个时候，就需要用回收船把这些乳状液吸上来，用破乳剂对其进行油水分离，然后回收原油，排出海水。

海湾、珊瑚礁、海草、红树林，这些都是许多鱼类和甲壳纲动物的栖息地，一旦被石油污染，很多动物的繁殖活动将会遭到破坏。而当肉食动物吃掉身体组织受到石油污染的动物后，整个生物链也就中毒了。

▲ 对于已经大范围扩散的漂浮石油，可以采用乳化分散法

29

SARS，都是动物惹的祸？

大家可能还对2003年爆发的SARS记忆犹新，当时大街上的行人屈指可数，即使是以前在周末人山人海的步行街，也只有寥寥几人。在外行走的人都戴着口罩，神色匆忙地赶回家，家长也不准孩子在外面玩耍。那时候，我们害怕是因为对它的了解太少，但是现在，随着对SARS的了解越来越多，研制出来对付它的高科技产品也就越多，人们对于SARS也不再那么恐惧了。

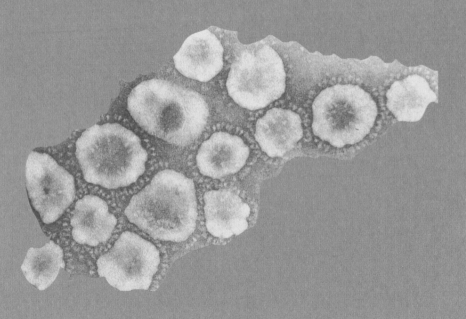

SARS是由冠状病毒引起的

"非典",即传染性非典型性肺炎,全称严重急性呼吸综合征,简称SARS,是由冠状病毒引起的。

冠状病毒感染是世界各地普遍存在的病毒,能够感染多种哺乳动物和鸟类,有些可使人发病。感染冠状病毒后,会出现以发热、干咳、胸闷为主的症状,严重的会导致呼吸系统衰竭。

冠状病毒在上皮细胞内生长,感染肝脏、肾脏、心脏和眼睛,引起并发症。它的传染性很强,发病很快,使人们谈之色变。

关于SARS的来源,到目前为止都还存在着很多的争议。我国研究人员认为,果子狸是SARS病菌的携带者和传染源;日本医学家发现,SARS病毒可能是一种鸟类病毒的变异形式。世界各地的医学家普遍把眼光投向了动物,但SARS病毒究竟是不是它们产生的,却始终是个未知数。

早期SARS治疗为何医护人员屡屡感染?SARS病毒主要靠病人的飞沫传播,抢救SARS病危病人时,医护人员是利用呼吸机正压通气给氧,这样一来,就可能使病者呼出的气体不经任何灭毒手段就排放出来,使病房内病毒密度增加。SARS病毒在空气中播散的速度本就很快,特别是近距离飞沫传播,最终易导致医护人员感染比例极高的严重后果。

▲ 医护人员更容易感染SARS

应对危机——高科技与防灾

与有些传染病不同的是,SARS的易感人群不只是一个或几个年龄段的人群,而是普遍易感。SARS病毒是一种新型的冠状病毒,以往未曾在人体内发现,人体无法快速地形成抗体,所以不分年龄、性别,各种人群对这种病毒普遍易感。发病概率的大小取决于接触病毒或暴露机会的多少。而高危人群显然是接触病人的医护人员、病人的家属和到过疫区的人。

▼ 最佳的预防方法是使用疫苗

SARS曾席卷了亚洲,是否还会卷土重来,真是让人有些心惊胆战。然而,不管它是否重来,我们都要想出抗击它的妙计。而对于任何传

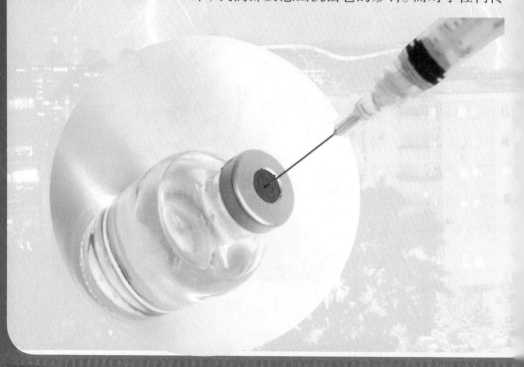

染病，医学的原则都是"防"胜于"治"。国内外医学科研机构及企业已纷纷把目光投注到仪器预防和药物预防SARS这个领域上。

　　最佳的预防方法是使用疫苗，如果有了疫苗，我们在受到SARS威胁之前，就能够做好万全的防御。2004年12月5日，中国自主研制出了世界上第一个完成Ⅰ期临床试验的SARS疫苗。36位自愿受试者注射了疫苗，在观察56天后，均没有出现异常反应，有24位受试者还产生了抗体，这标志着SARS疫苗研究的难关已经基本攻克。也证明了中国研制的SARS疫苗是安全的、有效的。随后，科研人员又攻克了SARS病毒灭活疫苗研究的技术难题。

　　在抗击SARS的药物大军中，不得不提的是应急的特效药物。在2004年8月9日，我国自主开发研制的世界上第一种治疗SARS的特效药物——"人抗SARS特异性免疫球蛋白"。这种特效药是用恢复健康的SARS病人的血浆提取制成的，对SARS的应急治疗会起到一定效果，能够很好地治疗SARS。

　　恒河猴是SARS病毒感染的敏感动物，它们在抗击SARS的过程中功劳匪浅。医学家用它们建立理想的动物模型，加快了疫苗研制、药物筛选等工作的进度。我国科研人员专门在昆明一个基地培养恒河猴。据报道，中国医学科学院实验动物研究所内还立了一块纪念碑，纪念那些为研制SARS疫苗献身的猴子们。

危险但可控的禽流感

在禽流感肆虐的那段时间，如果一个人体温连续几天在39℃以上，出现感冒症状，伴随着恶心、腹痛、腹泻等消化道不适，或者有胸腔积液。那么，他就真该紧张一下了，因为这些是人感染禽流感的明显症状。禽流感来自动物，而动物和人一样，身上也有病菌病毒，而且也可能会传染给人类。当我们接触动物的时候，要有一些卫生防护意识。

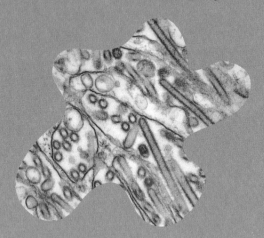

H5N1病毒

2010年11月18日，香港确诊了2003年以来首例人类感染禽流感的个案。一位曾到上海、杭州和南京旅游的女士，11月1日返回香港，次日开始感到不适、流鼻涕。几天后，她开始发烧及咳嗽。11月14日，她被安排住院。

11月18日,她被证实感染了H5N1型禽流感病毒,这成了香港从2003年以来首例人类感染禽流感的确诊个案。医学家为此告诫人们,禽流感是不会消失的,当我们放松警惕的时候,它又会卷土重来。预防禽流感是不可小觑的大事。

1997年,在香港发现了会传播给人类的禽流感,立即引起世界卫生组织的高度关注。自此以后,禽流感一直在亚洲零星爆发,并未引起大害。但到了2003年12月,禽流感在东亚地区,尤其是越南、韩国、泰国大规模爆发,造成多名病人丧生。而2010年11月18日,我国香港特别行政区发现一例人感染高致病性禽流感病例,使得防治禽流感更加迫在眉睫。

预防禽流感,人类必须严密监控那些动物种群中的流行病,发达国家对此比较重视。美国已建立起由多个联邦政府机构协同组织的野生动物疾病监测体系。加拿大、英国和法国等国也建立了专门的监测系统。在经过SARS之后,中国迅速行动起来,在一些野生动物疫病多发区域、候鸟迁徙路线以及野生动物集中分布区域建立了重要疫源、疫病监测站点。为了迅速掌握动物疾病的传播情况,生物学家借助计算机技术开

禽流感大多来自鸟类,有些人对羽绒制品是否传播禽流感感到疑惑。其实,合格的羽绒制品通常会经过消毒、高温等多个物理和化学处理过程,病毒几乎已经被消灭,传播病毒的几率极低。

35

应对危机——高科技与防灾

发了立体监测网络，监测飞禽走兽的疾病传播情况，一旦发现危险情况，及时干预，防止疫情的扩散。

生物学家利用高科技追踪传播禽流感的这个"嫌疑犯"。在没有遥控监测技术的时候，鸟类学家追踪一种鸟类的迁徙路线，常常要花费十几年的时间。而现在只要在鸟身上带上电子标记，就可以利用GPS等先进手段，监测候鸟的飞行路线。这种监控是实时的，误差也极小，只有几米。

不过，GPS系统只能追踪天鹅、大雁等体积较大的禽鸟，要追踪较小的鸟类则需要一些更为先进的技术。美国人发明了通过雷达监控候鸟迁徙的技术，不但精确度高，且不受禽鸟体

▶候鸟被认为是禽流感病毒的主要携带传播者

积限制。日本也通过美国的气象卫星每天多次监测候鸟活动地点的变化，并随时派人实地调查，确定候鸟感染禽流感病毒的地点。

我国科学家和外国同行合作，绘制出了全球候鸟迁徙的8条线路，主要包括从西伯利亚到亚洲西南部和东非，从西伯利亚到欧洲，从西伯利亚到印度、黑海和非洲北部等。

说一千道一万，预防禽流感最重要的措施之一还是要保护好野生动物。生物学家认为：人与动物之间的交叉传染，其主要原因之一是动物生态环境的恶化。环境污染和生态变迁促使很多病原体发生变异，疾病的跨物种传播速度因此加快，人体猝不及防，往往就出现了新的烈性传染病。

因此，最根本的办法还是保护生物多样性和它们的生存空间。希望在不久的将来，随着人与自然越来越和谐地相处，类似禽流感的疾病能够得到有效的控制。

无辜的荷兰鸡：2003年，突如其来的禽流感沉重打击了荷兰的家禽饲养业。欧盟宣布全面禁止荷兰活禽及禽蛋出口。一时间荷兰上下恐慌，为了控制疫情，荷兰开始在遭受疫病感染的农场宰杀病鸡。数万只鸡遭受灭顶之灾。本是人类的过失，却由无辜的家禽承担了。

▼ 人畜共患疾病增多的主要原因之一就是动物生态环境的恶化

抗击 H1N1 的智能口罩

不仅仅是鸟儿会感冒，猪也会感冒，那就是H1N1甲型流感，俗称猪流感。猪生病可能比鸟儿生病更可怕，和在天空中自由飞翔的鸟儿比起来，被我们圈养在猪圈里的猪可能比较好控制些，但是因为猪肉是人类最常食用的肉类之一，因此对人类的威胁很大，人们必须想办法来阻止猪流感的传染！

物理接触也有可能导致H1N1甲型流感病毒在人群中传播

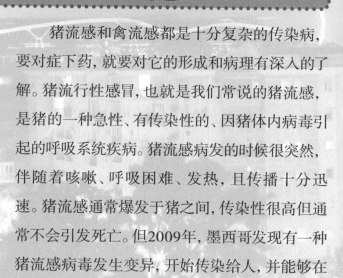

猪流感和禽流感都是十分复杂的传染病，要对症下药，就要对它的形成和病理有深入的了解。猪流行性感冒，也就是我们常说的猪流感，是猪的一种急性、有传染性的、因猪体内病毒引起的呼吸系统疾病。猪流感病发的时候很突然，伴随着咳嗽、呼吸困难、发热，且传播十分迅速。猪流感通常爆发于猪之间，传染性很高但通常不会引发死亡。但2009年，墨西哥发现有一种猪流感病毒发生变异，开始传染给人，并能够在人与人之间传播，世界卫生组织顿时如临大敌，给这种流感更名为H1N1甲型流感。

H1N1甲型流感比禽流感更加来势汹猛，它能够以人传人，这说明了它具有更高的传染性，也使得对H1N1甲型流感的预防更加困难和必要了。而且，人感染H1N1甲型流感症状与感冒类似，患者会出现发烧、咳嗽、疲劳、食欲不振等病状，如果不经过专业检测，是无法与普通感冒相区别的。

在预防方面，没必要扎堆去接种普通流感疫苗，那些预防季节性流感的疫苗对预防H1N1甲型流感是没有效果的。正确的做法还是要养成良好的个人卫生习惯，而在疾病高发时期，戴上卫生口罩，把自己与外界病毒隔离，不失为一个有效的防病途径。2009年H1N1甲型流感肆虐全球，香港人用一种高科技"智能"口罩有效地预防了它。

普通口罩是一种被动的机械过滤设计，通常无法杀死空气中传播的病原体。依附在口罩上的微生物能够继续存活好几个小时，因此，如果不能及时消毒，口罩反倒成了一个传染源。而高

YINGDUI WEIJI——GAOKEJI YU FANG ZAI

H1N1甲型流感传播速度快，打喷嚏、咳嗽和物理接触都有可能导致H1N1甲型流感在人群间传播。微量病毒甚至可以留存在桌面、电话机，再透过手指与眼、鼻、口的接触传播给人。因此，避免物理接触是预防H1N1甲型流感的最佳方案。出人意料的是，感染H1N1的患者不是以抵抗力低的老人和儿童为主，而是以青壮年为主。

▲ H1N1甲型
流感病毒

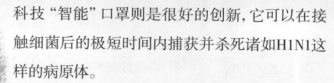

H1N1变种病毒更加可怕。所有流感病毒均会出现轻微基因转变，但倘若病毒基因出现大幅度变异，则有可能令先前研发的疫苗失效，第二波流感疫情因此变得更加严峻。H1N1病毒变异意味着深入到肺部，"深入"一词代表两个方向，其一是向下呼吸道发展，其二是向肺内的肺泡发展。H1N1变种病毒导致的病情会发展得更快，更难以治疗。

科技"智能"口罩则是很好的创新，它可以在接触细菌后的极短时间内捕获并杀死诸如H1N1这样的病原体。

香港的"智能"口罩是由获得了专利的纺织物做成的，口罩的纺织物层模拟病原体通常会附着的人类细胞的部位，这样就可以"诱捕"病原体，口罩内还含有破坏病原体活性的物质，把病毒、病菌都扼杀在摇篮中。正是因为有了这个专利纺织物层，高科技"智能"口罩才能发挥出如此大的威力，为我们的身体健康保驾护航。

人们都关心儿童的健康，可孩子们偏偏很不喜欢那些普通口罩，它们太过于单调，又不够舒适，孩子们看见就跑开了。而"智能"口罩则很人性化，佩戴舒适，安全高效，可以持续杀菌。

"智能"口罩不仅受到孩子们的青睐，香港的医护人员对它也评价甚高。它不仅杀菌、杀毒能力很强，它的透气性和舒适性也极其出色。对于一天到晚戴着口罩工作的医护人员来说，真是一个福音。

其实，HINI甲型流感肆虐的时候并不可怕，最重要的是我们要做好个人预防工作，在面对HINI甲型流感的时候，才能够保持一颗临危不乱的心，积极地生活。

第二篇
化解天灾

雷电
——致命的光芒

应对危机——高科技与防灾

　　雷雨天气是一种很常见的天气现象,很容易引起一些危险。在雷雨天气中,人们应该把家里电器的插头拔掉,避免电器的损坏,还应尽量避免打电话。尽管许多建筑上都会安装避雷针,但人们还要意识到不能在树下停留。

真正具有破坏性的是那无声无息的闪电

　　雷电是伴有闪电和雷鸣的一种放电现象,一般产生于对流发展旺盛的积雨云中,常伴有强烈的阵风和暴雨,有时还伴有冰雹和龙卷风。积雨云的上部以正电荷为主,下部以负电荷为主,云的上、下部之间形成一个电位差。当电位差达到一定程度后,产生放电,就是我们常见的闪电现象。

　　雷鸣与闪电其实是同时发生的,但光的传

播速度比声音快，所以我们先看见闪电再听见打雷的声音，其实令人害怕的雷声只是纸老虎，不会对我们有什么伤害。而真正具有破坏性的是那无声无息的闪电。

雷电带来的危害也是多种多样的，雷电流高压效应会产生高达数万伏甚至数十万伏的冲击电压，如此巨大的电压瞬间冲击电气设备，足以击穿绝缘层使设备发生短路，使物品器械爆炸、扭曲、崩溃、撕裂，甚至引起火灾，导致财产损失和人员伤亡。

保护高楼大厦最有效的方法就是在屋顶安装避雷针。为什么避雷针可以保护大厦里的人和物品呢？其实在打雷的时候，即在高楼上空出现带电云层时，避雷针和高楼顶部都被感应上大量电荷。静电感应时，导体尖端总是聚集了最多的电荷。这样，避雷针尖端就聚集了大部分电荷。同时，避雷针

　　2011 年夏季北京雷雨特别多。7 月更是雷雨不断，据北京电力部门专业雷电定位系统监测，仅 20 日零时至 21 日 10 时，北京市区就发生落雷 4500 余次。真可谓雷电交加，大雨倾盆。

▲ 保护高楼大厦最有效的方法就是在屋顶安装避雷针

在古代中国已经有了避雷针，一般以龙头为装饰，龙嘴里有避雷针头，在结构上巳和现代避雷针相似。现代避雷针是美国科学家富兰克林发明的。他一直认为闪电是一种放电现象。为了获得证据，他在1752年7月的一个雷雨天，冒着被雷击的危险，将一个系着长长金属导线的风筝放飞进雷雨云中，并在金属线末端拴了一串银钥匙。当雷电发生时，富兰克林把手接近钥匙，钥匙上迸出一串电火花，他的手都被打麻痹了。于是他提出了避雷针的设想，由此而制造的避雷针，破除了人们对雷电的迷信。

又与这些带电云层形成了一个电容器，由于它较尖，电容也就很小，能容纳的电荷很少，而它又聚集了大部分电荷，所以，当云层上电荷较多时，避雷针与云层之间的空气就很容易被击穿，成为导体。这样，带电云层与避雷针形成通路，避雷针就可以把云层上的电荷导入大地。

大楼的防雷工程一般分为外部防雷和内部防雷。外部防雷通俗地讲，即防直击雷，最直接的目的即保护人身安全；内部防雷指防感应雷，保护电气设备不受雷击。

飞机是与雷电接触最紧密的交通工具了，虽然遇上雷雨天气飞机不会起飞，但长途飞行中遇上雷雨天气，也时有发生。这样一来，飞机防雷就显得非常重要了。

飞机的防雷装置系统分为两种类别，第一类是在停泊时配置使用，即在飞机机身安装一条避雷带与地面扣接，保证停泊飞机的安全，这和大楼避雷针相似。第二类在飞行状态中使用，是一套非常完备的防雷装置。例如，雷暴预报系统能告知飞行员飞行前方的天气变化，让飞行员有充分时间绕开雷暴云带。有时候,雷暴来得太

突然,飞机避无可避,这时飞机的防雷装置可将
危险的雷电电流分流到机身外,并从机身带离
飞机本体,避免油缸、机上控制及通讯设备受
到破坏,保障乘客和飞机的安全。

　　不只是飞机,海上航行的
船只一样要与气候周旋,
其中当然包括雷雨天
气。在船只上安装避雷
针是非常必要的。船只
的避雷针一般会装在船只
的最顶端,且避雷针的顶端必
须打扁磨尖,以利于放电。它能将电流导
向自身,再传到大海里,解除雷电对船只和船上
人员的威胁。

　　不管在天上、在地上还是在海中都需要处
处提防雷电,看来雷电不仅仅是声音让人恐
惧,那闪电奋力的一闪,平安还是毁灭都只在一
瞬。一切重在预防,真到了五雷轰顶的那一霎,
就什么也来不及了。

▼ 天上飞行的飞机是与雷电
接触最紧密的交通工具

雪灾  ——洁白的陷阱

2008年冬天，春节将至，人们赶着回家过年。一场异常惊心动魄的雪灾悄然而来。中国南方普降大雪，安徽、湖南、广西、云南、贵州等地几千万人口受灾。大雪连绵堆积，很快冰冻起来，转化为冻灾。冰雪压塌了路边的大树，也压垮了深山里的输电线路。大雪使火车延误，无数民众滞留机场、火车站，更迫使运输中断，菜价飞涨……

雪灾严重影响交通

瑞雪兆丰年，说的是雪下得及时，下得适度，能够保护过冬作物免受病虫害的侵袭。但如果长时间大规模降雪，就会积雪成灾。一般来说，雪灾可以分为三种类型：雪崩、风吹雪灾害（风

雪流）和牧区雪灾。而雪灾的危害一般都是由积雪产生的，积雪会把道路阻断，会把高压线压坏，会把农作物和家畜冻死或产生一定的伤害。

雪灾属于天气灾害，人类目前还没有能力大规模干涉天气运行。面对雪灾，最重要的是要做到准确的天气预报，并尽力预防，防患于未然。

雪灾对农业的危害最大。因此，农业上必须做好防冻措施，设法抵御强低温对越冬作物的侵袭，特别是持续低温对旺苗、弱苗的危害。还要加强对大棚蔬菜和在地越冬蔬菜的管理，雪后应及时清除大棚上的积雪，保证大棚内的温度，也避免压坏塑料薄膜。

雪灾对交通的影响很大，甚至连最可靠的铁路系统也会深受其害。对此尚没有良策，只能通过不断的道路维护，扫除积雪来解决问题。

在中国，遇见大的天灾，往往是解放军、武警官兵冲在前头。而他们对抗天灾最大的特点就是灵活机动，常能够深入到那些现代科技手段难以到达的地方，救灾解难。

撒盐是对抗积雪积冰的一种省力方法，但这种"化学战"会使得大量盐水进入生态系统，有悖于环保要求。最早大规模撒盐融雪的是美

各扫门前雪。在美国的一些州，法律规定房屋四周人行道上的卫生，如积雪、渣滓等，均属于该房屋所有人的打扫范围。不管该房屋是公家住宅、商店还是公寓大楼，一律如此。假如下雪天，户主没有及时打扫行人道上的积雪，又有行人在你的房屋四周人行道上滑倒受伤。那么，所有医疗、养伤的费用，均由该户主抵偿。

应对危机——高科技与防灾

盐是公路大敌。盐类物质与沥青会产生化学反应，会使得沥青表面脱落，进而就是大面积路面破损。盐类遇水以后，会发生盐涨现象，造成道路路基损坏，路基一旦损毁，道路也就宣布寿终正寝了。盐类对水泥混凝土路面也有类似的危害，而且盐溶液流入下水道，也会腐蚀下水道。

国，1930年开始使用。1950年以后美国人几乎单靠撒盐融雪，每年撒掉数千万吨白花花的工业盐，占盐业公司年度总销量的1/3。

但撒盐的负面影响也逐渐显露出来。一方面，盐会对道路、桥梁等基础设施产生强烈的腐蚀作用。最严重的时候，美国每年用于修复道路、桥梁的费用大于2000亿美元，是初建费的4倍，简直不如拆掉重建。但大型建筑一旦重建，又会带来一系列问题。

撒盐还会污染环境，破坏植被，尤其是对水源的污染，影响人的健康。2005年冬末春初，北京

▼ 铲雪车大大提高了除冰扫雪的效率

8个城区出现了大批草木枯死的状况。其实它们是被作为融雪剂的盐给腌死的。融雪剂也可说是绿化植物的"隐形杀手"。至于对地下水的污染，则一时还难以估算。

▲　撒盐的方法有悖于环保

目前，还没有找到真正环保、价格低廉，可以大规模应用的融雪剂。号称环保的有机融雪剂价格至少是工业盐的十倍以上，城市难以承担这笔费用。

因此，在大城市主干道上，要靠铲雪机把道路积雪铲开，令交通恢复秩序。而大型铲雪机虽好，但在农村小道上、庄园田埂之上就难以发挥作用。这时候子弟兵们依靠小小的铁铲为人民开辟一条条希望之路。在那些严重受灾地区，他们乘着运输机从天而降，住在最简单的野战帐篷里，吃着压缩饼干，用一些最简单的工具，解决了群众的实际困难。

最简单的，往往也是最有效的；最质朴的，往往也是最珍贵的。雪灾困境可以让我们更加珍惜生命，彼此挽起手，尽自己的力量去战胜天灾，重建家园。

火山喷发
——暴躁的狮子

火山是人类的敌人，也是人类的朋友，它的喷发会带来巨大的灾害，但也会带来肥沃的土壤。有的火山具有观赏性，如富士山，但有的火山却十分阴晴不定，时而平静时而暴躁，人类科技根本无法遏制火山喷发，但预测技术却很有进展。

冰岛艾雅法拉火山喷发

火山喷发是一种奇特的地质现象，是地球内部热能在地表的一种最强烈的显示，短时间内就把大量的岩浆喷出地表。一般来讲，岩浆中含大量可挥发成分，如果在覆岩层的围压下，使这些可挥发成分溶解在岩浆中无法溢出，那么这种压力就会寻找地壳比较薄弱的地方释放出来。

这就是火山喷发的原理。

火山喷发威力之大足以毁灭一整座城市。1979年8月的一天,古罗马帝国最繁华的城市庞贝竟因维苏威火山的喷发而在18小时后消失了。一次喷发毁灭了一座城市,今天人们挖掘庞贝古城,还能看到那些死者瞬间死去时的遗迹。

2010年3月至4月,冰岛南部的艾雅法拉火山连续两次喷发。由于预测及时,人员伤亡极少,冰岛人甚至召唤世界各地的旅游者们前来观赏美景。不过,岩浆融化冰盖引发了洪水,火山喷发释放出的大量气体、火山灰对航空运输也造成巨大打击,欧洲许多机场都无法正常运行。大约10万次航班取消,欧洲的空中交通瘫痪了好几天。

预测火山喷发有些土方法,例如地光出现、火山口有气体冒出或者比以前的气体冒出速度加快、火山口及周围地区有刺激性气味(硫磺和硫化氢的味道)、火山周围的水温

火山灭国。默拉皮火山是一个锥形活火山,位处印度尼西亚的爪哇岛,世界上最活跃的火山之一。从1548年起,这座火山已经断断续续喷发了68次。它大约每1000年大规模喷发一次,喷涌而出的岩浆总量可达1立方千米,火山灰能飞到20至50千米高空,遮天蔽日。1006年默拉皮火山大规模喷发,火山灰覆盖了整个中爪哇地区,摧毁了马塔拉姆王国。

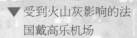
▼ 受到火山灰影响的法国戴高乐机场

2008年，冰岛由于金融危机而宣布国家破产，英国和荷兰等国的储户都蒙受巨大损失。时隔两年，冰岛火山再度喷发，火山灰顺风飘扬，再次重创欧洲，而其国内竟然损失不大。欧洲人送给冰岛"灾难出口国"的绰号，并调侃说："我们要的是钱，不是灰。"

会比平时高很多、小动物烦躁等等。这些土办法多少都有效，但却不够准确。

新西兰的科学家发明了一种比较新颖的方法，他们利用地球内部所发出的声波来分析地壳裂缝的形成方向，从而预测火山的喷发时间。科学家从新西兰鲁阿佩胡火山最近两次的大型喷发中收集了很多准确的科学数据，从中总结出研究地球发出的声波变化规律。这些声波是地球表面底下岩石层断裂，引发地震所造成的。临近火山喷发，地壳会出现裂缝，观察裂缝形成的方向，就可以推断出火山是否会喷发。

在鲁阿胡火山喷发前，地壳裂缝形成的方向和过去的不同。科学家认为这说明岩浆流进了火山的内部空间，将地壳裂缝给挤错位了。而一旦火山喷发释放出内部的岩浆，压力释放了，地壳裂缝也就会回到原来的位置。

新方法从原理上来说是过关的，不过要准确预测火山喷发，还需要收集更多的数据才行。

利用磁场的变化也可以预测火山喷发。火山喷发和地壳变动有关，因此喷发前地磁场会有变化，也会产生人感觉不到的岩层震动，但动物能感觉到，用仪器也能检测到。

做个CT可以检查身体，那么，能不能用类似的原理来探查火山内部的情形? 在医学上，CT扫描的原理是用X射线照射人体，观察它穿过人体内部时发生的变化，从而得到体内构造的三维图像。意大利科学家用类似原理来观察埃特纳火山。不过他们不是使用X射线，而是借助地震波。地震波穿过岩石时，如果岩石的密度发生变化，波的速度也会发生变化。记录并分析波速，就可以得到火山内部结构图像。

无论哪一种技术，要完全准确地预测火山喷发都是有难度的。还好一般人们的定居点离火山口都有一段距离，只要注意观测，还是有足够的逃生时间的。

▼ 庞贝古城与维苏威火山

洪灾——让人措手不及的猛兽

　　水是生命之源，可洪水却是地球上最可怕的力量之一。是啊，水可以为我们提供需要的资源，为我们灌溉，让我们饮用，帮我们洗涤灰尘，但是它也可以摧毁一切——房屋、家园、生命。人类文明离不开水，也总要想尽一切办法治水防灾

洪灾被称为自然界的头号杀手

如果在一个流域内集中大暴雨或长时间降雨，汇入河道的径流量超过其泄洪能力，漫出了两岸，甚至造成堤坝决口，这就是俗称的洪灾。

惊心动魄的洪灾数不胜数。像1998年的长江特大洪灾，相信许多国人仍会记忆犹新。那年夏天雨水丰沛，宜昌以下360公里江段和洞庭湖、鄱阳湖的水位长时间超过历史最高纪录，终汇作滚滚洪水奔涌而下，吞噬一切。1998年的洪灾是举国之殇，也使得举国上下齐心，奋起抗洪。

2011年3月，美国密西西比河水位接近历史最高水位，爆发百年不遇的洪灾，一些州的南部沿海城市化作水乡泽国，受灾面积达到美国国土面积的三分之一。

洪水的预防主要靠完善的水利系统，但任何水利系统的设计都是有临界值的，一旦超过临界值，就会失去作用，不得不开闸泄洪，但水利系统至少可以给下游地带一个预警时间。抓住这个预警时间，就可以及时转移下游人员和财产，降低洪灾损失。如果配合天气预报，做到提前放水，降低库存水位，可以有效地减少洪灾发生几率。

20世纪50年代，美国有科学家提出，城市越建越多会增加洪灾发生的几率。在田野或者森林里，地面能吸收雨水并减慢水流，这些降雨大部分在当地"消化"了，不会进入河道。然而，现代城市都是用不能渗水的硬化地面替换了自然植被，这样一来，老天降下的雨水就根本不能滋润城市的土地，而必须靠下水道全部排到河道里，这种集中排水给水利系统带来了猝发的压力，还时常造成城市内涝。最可惜的是，这些宝贵的淡水资源也白白地被浪费掉了。

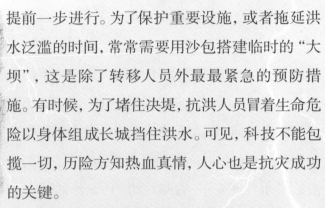

森林被大量砍伐也是导致洪灾的一个原因。森林被砍伐后，土地含沙量增多，当暴雨来临时没有树木的根系来吸收、涵养水分，就很容易让水资源变成吞噬一切的洪水。所以，保护环境也是减少洪灾的关键。

洪灾的救援工作必须和暴雨同步进行，或者提前一步进行。为了保护重要设施，或者拖延洪水泛滥的时间，常常需要用沙包搭建临时的"大坝"，这是除了转移人员外最最紧急的预防措施。有时候，为了堵住决堤，抗洪人员冒着生命危险以身体组成长城挡住洪水。可见，科技不能包揽一切，历险方知热血真情，人心也是抗灾成功的关键。

科技是抗灾最重要的工具。近几年来，中国的抗洪抢险中便出现了各种各样的高科技产品，比如看起来像草绳的锚纲是用纳米技术研制

▲ 大坝是抵御洪水最有效的建筑

的，重量减轻了一半，抗拉能力则大大提高了。这种锚纲原先需4个人才能抬起一捆，入水后吸水变沉，大约10人才能拉住。而采用纳米技术改进的锚纲，则不会吸水变沉，两个人就可操作。

▲ 森林被过度砍伐是导致洪灾的原因之一

抗击洪灾，统筹规划也很重要。以前解放军抗洪队员将基本器材装在背袋里行军，既影响速度，又容易丢失弄混。现在配备了器材集装箱，每个抗洪队员配备一个长方形的手提工具箱，编号后装入集装箱，统一运输，到达抗洪救灾现场再分发，效率大大提高。

洪灾来临，积极自救更为重要，最低限度要拖延到救援人员来临。洪水到来时，来不及转移的人员，应该就近向高处——山坡、高地、楼房、避洪台等地转移，并且随时注意收集漂浮物品，以便在洪水进一步上涨时能够辅助逃生。实际上，门板、桌椅、木床、大块的塑料泡沫都能扎成逃生筏。另外，受灾人员应该尽量远离高压线等供电装置。洪水过后，则主要是要寻找干净的水源，避免染上疫病。

滑坡监测预警系统
——事前的预警

　　山崩地裂，大概是人类最害怕的噩梦了。所谓山崩，也就是滑坡，又叫做塌方。地震、火山喷发都会引起大的山崩，但发生最多的还是因为植被破坏、土壤松动，并在雨水侵蚀下发生山体整体崩塌。现代社会，大部分滑坡都和人类的过度开发有关。

滑坡可能导致毁灭性的灾难

对于山地面积占很大比例的中国来说，滑坡是比较常见的自然灾害之一，特别是在夏季多雨时节。滑坡一般是指位于斜坡上的土体或者岩体，受雨水冲刷、地下水活动、地震或者河流冲刷等因素影响，土壤被稀释、变软后，沿着一定的山体路径，整体或者分散地顺坡向下滑动的自然现象。老百姓又把它叫作"走山"、"垮山"、"地滑"、"土溜"等。

滑坡总是大面积进行的，又常在夜间发生，常常给沉睡中的人们带来灭顶之灾。滑坡对乡村最主要的危害是摧毁农田、房舍，伤害人畜，毁坏森林、道路以及农业机械设施、水利水电设施等，有时甚至给村庄带来毁灭性灾害。

不过，滑坡也不是乡村的专利，城镇房屋地基泥土松垮的话，一样会发生塌方事故，也会毁坏城市设施，最严重的甚至会毁灭整个城镇。在2009年5月16日深夜，甘肃省兰州市九州开发区的石峡口小区就发生了山体滑坡，小区内有两个单元坍塌。

工矿区过度开发也易发生滑坡，2009年6月5日下午，重庆武隆县的山体因为长期过度采矿，薄弱的山体经受不住暴雨的冲刷发生山体滑坡，造成26人遇难、63人失踪。这一事件又一次为我们敲响了警钟。

泥石流一般是指发生在山区或者其他沟谷深壑等地形险峻的地区，由于暴雨、暴雪引发的大量泥沙以及石块的特殊洪流。泥石流爆发突然，流速很快，流量很大，破坏力也相当强悍。而一般来讲，滑坡发生时山体整块位移，它可能伴随着泥石流，但泥石流本身并不等同于滑坡。

YINGDUI WEIJI—GAOKEJI YU FANGZAI

应对危机——高科技与防灾

防范滑坡,治本的方法有两条:第一,停止那些不顾自然条件的破坏性开发;第二,建立完善的监测预警系统。滑坡监测预警系统,是对地质环境的一种监测,能对滑坡进行科学的、有效的监控和分析,并制定防范措施,利用高科技

滑坡导致山体掩埋高速公路 ▶

手段对其进行有效的、比较长期的综合监控和全面分析评估。2009年,中国就成功地预测了巫溪滑坡,保护了当地居民的安全。

最近,科学家们开始将监测系统与网络连

接，对灾害进行三维监测。将WEB服务、GIS（地理信息系统）技术、三维地理信息系统结合在一起建立了一个更加直观的展示分析平台，更好地从水文、气象、地理三个方面来对灾害进行研究。这样就会大大提高预测的准确度。

2010年10月18日，在甘肃舟曲遭受了那次重大泥石流灾害后，为了给舟曲的人民提供一个更为安全的生活环境，有关部门在舟曲安装了最新研制的滑坡监测预警系统，帮助舟曲地区诊断地质灾害。这套系统的精度非常高，即使被监测山体有1毫米的微小位移，都能被及时监测到并上报。该系统其实是中国航天技术的一项民用转化。

随着科技实力的不断增强，面对滑坡，人们不再惊慌失措、四处逃避了。

滑坡中的自救。当遇到滑坡正在发生时，首先应镇静，一般除高速滑坡外，只要行动迅速，都有可能逃离危险区。逃离时，应该尽量向两侧跑。在向下滑动的山坡中，向上跑或向下跑都很危险。当遇到无法逃离的高速滑坡时，可以原地不动抱住大树等物，也能增加生存机会。

◀ 2010年10月18日，甘肃舟曲遭受泥石流灾害

掌握台风的行迹
——卫星云图

　　每一次台风来袭都十分凶猛，就像是撒旦化为风形。从海上侵袭而来的台风，带着咸湿的海水和风暴席卷城市的每一个角落。台风过后，留下的是一片房屋的残骸。不过，自从有了气象卫星以来，在台风中失去生命的人就很少。这是为什么呢？那是因为有卫星云图在为人们的生命保驾护航，让人们能够有足够的时间为房屋加固或者找到一个理想的避难所。

台风会毁坏我们的家园

　　台风，其实是产生于热带洋面上的一种强烈热带气旋。台风在欧洲、北美一带称"飓风"，在东亚、东南亚一带称为"台风"；在孟加拉湾地区被称作"气旋性风暴"；在南半球则称"气旋"。不管台风在哪个地段，叫什么名字，它们带来的破坏都是巨大的，所以对台风进行监测是最重要的事情。

台风具有季节性。它一般发生在夏秋之间，最早发生在五月初，最迟发生在十一月。5月到11月是预防台风的高危时段。

台风具有地域性，大多发生在一定的纬度范围内。美国就是一个时常遭到飓风袭击的国家，它有一部分地区正好处于飓风盛行的纬度之中。美国人可谓与飓风共处多年，因为飓风而带来的损失已经无法计算。

▼ 强台风经常伴有大暴雨

2011年4月27日，飓风袭击了美国，从塔斯卡卢萨市到布里斯托尔，数座城镇遭到摧毁，导致至少342人死亡，这场飓风也成为卡特里娜飓风后美国遭遇的又一场巨大的飓风灾害。

台风的威力巨大，还会连带引发各种气象灾害。强台风发生常伴有大暴雨、大海潮、大海啸。各种气象魔头一齐出手，常使救援活动难以进行。因此，强台风发生时，人力不可抗拒，唯一

台风有一个神奇的地方，那就是台风眼。台风眼是位于台风中心的一个直径为40公里的圆。台风眼的神奇之处在于，当世界都因为台风而处于一片混乱的时候，台风眼就像一个世外桃源一样，没有风吹也没有雨打，太阳会在头顶高高挂起。这是为什么呢？那是因为台风眼外围的空气旋转得实在是太厉害，在离心力的作用下，外面的空气反而不能进入台风眼，因此台风眼区就像由云墙包围的孤立的管子。它里面的空气几乎是不旋转的，风很微弱，随处呈现的是一片安静的气氛。

的办法是躲起来。

另外，尽管现在台风预报技术已经比较成熟，也不能完全准确预报台风的登陆点。地球的大气活动异常复杂，即便是最大型的计算机也难以计算清楚，台风的风向也常常有变化，出人预料，很多时候台风中心登陆地点往往与预报相左。

虽然台风中心登陆地点难准确预报，但卫星云图对我们抵御台风的伤害起了很大的作用。

卫星云图是由气象卫星自上而下观测地球上的云层覆盖和地表特征后形成的图像。专家们利用卫星云图可以识别不同的天气系统，还可以很快地确定它们的位置，估计其强度和发展趋势，为天气分析和天气预报提供依据。特别是在海洋、沙漠、高原等缺少气象观测台站的地区，卫星云图所提供的资料，弥补了常规探测资料的不足，可以有效提高预报准确率。

卫星云图的功能很多，不仅仅只是监测台风，但是卫星云图在预测台风中的运用十分突出，在监测台风这一环节更是举足轻重。

卫星云图是连续性的，拍摄频率很高，就好

像动态的视频一般。气象专家可以借此预估台风发生发展的趋势、登陆的大致位置及其登陆后减弱的过程，估算出它的速度和经过的城市乡村，这样就可以及时发布警报，让人们有所准备。可以说，现在的台风定位几乎完全依赖卫星云图。

◄ 通过卫星云图可以预估台风发生发展的趋势

目前，气象学家热衷于把历来关于台风的卫星云图收集起来构成数据库，然后分析其中的规律，加深我们对台风的了解，真正做到知己知彼、百战百胜。

台风的来袭十分迅猛，但是有了卫星云图这个太空中的眼睛，可以将人类生命受到的威胁减到最小值，在台风过后，还能够再打造一个更美的家。

对抗空中怒龙
——龙卷风

天气预报里有时会出现"台风中心附近风力在12级以上"这样的话，"12级"是风力之"最"吗？不是，龙卷风比台风还要可怕。在美国电影《龙卷风》里，真实地再现了龙卷风出现时呼啸而来的壮观场面。实际观测时，龙卷风确实让人感到压抑。它以迅雷不及掩耳之势摧毁任何其行进路上的障碍，甚至连海上的船只也不放过。

龙卷风好像漏斗状的云柱

龙卷风，是一种相当猛烈的天气现象。是在极不稳定的天气下，空气发生强烈对流，有时会产生的一种强风旋涡，伴随着高速旋转的漏斗状云柱。龙卷风的中心附近风速最大可达每秒300米，比台风中心附近最大风速高出好几倍。

除了南极洲之外，世界各地都有龙卷风的身影。但美国遭受的龙卷风比其他任何国家或地区都多，在夏季，经常有几十个甚至上百个龙卷风同时在平原上肆虐横行，其壮观场面让人瞠目结舌。

1999年5月27日，美国得克萨斯州中部遭受特大龙卷风袭击，所过之处，好像剃刀扫过。

2010年10月26日，美国中东部遭龙卷风大面积袭击，多处房屋倒塌，数十万户停电。

2011年5月22日，美国中西部地区遭遇超级龙卷风袭击。乔普林市受灾最重，有三分之一的地区只剩光秃秃的大树，尽管有预警，还是有100多人遇难，500多人受伤。这场龙卷风又称"多重龙卷风"，在气旋内藏有两道以上龙卷风，破坏性惊人。

龙卷风的袭击突然而猛烈，消失得也十分突然，科学家很难对它进行有效的观测。

龙卷风持续的时间很短暂，而且大多瞬间爆发，最长不超过数小时。龙卷风一般伴随着飓风产生，最大的特征是漏斗状云柱，好像大象的鼻子，同时伴随狂风暴雨、雷电或冰雹。龙卷风经过水面时，能把水吸到空中，与云相接，古代人不明就里，称之为"龙取水"。龙卷风经过陆地时，常会卷倒房屋，把人和动物吸卷到空中。

被龙卷风袭击后的小镇满目疮痍 ▶

双龙吸水是一种罕见的龙卷风现象，两股"水龙卷"同时出现在水面上，上端与雷云雨相接，下端延伸到水面，双双旋转移动，景象诡异壮观。2011年5月3日，夏威夷州檀香山海港出现了一次"双龙吸水"景观。两根巨大的水柱从海面延伸到高空，并伴随着电闪雷鸣和滂沱大雨。双龙的威力也很大，曾导致6万家庭停电长达2小时。

龙卷风的风速究竟有多大？现有的探测仪器没有足够的灵敏度进行准确的观测。气象专家一般用多普勒雷达对准龙卷风发出微波束，再接收被龙卷风中的碎屑和雨点反射的微波，对此进行分析后计算出龙卷风内部的大致情况以及大致的动向。但实际上龙卷风一旦形成，目前的科技还没有任何办法对其具体走向进行准确预测。

有趣的是，世界上有一批龙卷风爱好者，他们是名副其实的"狂徒"，在各地近距离追踪龙卷风，拍照摄影，无所不为。受到他们的启发，美国国家气象局实行了一项名为"天空预警"的计划，专门培训风暴观察员来观察各种风暴。风暴观察员是一项兼职工作，各州法官、警官、消防

队员、追风族以及其他志愿者都可以参与。一旦
风暴来临，这些观察员立即向气象局汇报出现的
龙卷风的情况，以便气象局发布警报。

　　龙卷风就是这样一个摸不透的东西，人类
现有技术对它还无能为力，不过，毕竟还有一些
观察预警的时间可以利用，让那些龙卷风频发地
区的人们有时间钻到地下室避风。或许，在完成
了对台风的全面预测之后，龙卷风难题也有希望
获得解答。

　　追风族。暴风来临，
犹如人间地狱。偏偏有些
人特别渴望经历一场全速
龙卷风。他们便是"追风
族"，一个冒险者人群。"追
风族"们喜爱追踪龙卷风，
足迹遍布世界各地，他们
希望探究龙卷风的真实情
况，甚至尝试将探针扔到
龙卷风中。功夫不负有心
人，自1990年以来，已
经有5根探针成功地扔了
进去，对龙卷风的研究带
来了很大的帮助。

▼　龙卷风的观测还存在一定难度

旱灾
——如果地球没有水

　　干旱是人类经常遇到的问题，特别是北方地区，就拿北京来讲，有一年冬季的初雪直到次年二月份才姗姗来迟。干旱的危害在城市生活中不容易看出来，但对于农民来说，就有切肤之痛。干旱期间，不但农作物缺水，有时候连人的饮用水也会短缺，只好靠水车送水。

干旱会导致饮用水短缺和农作物缺水

就在2009年末到2010年3月期间，中国云南省遭遇了历史罕见的大干旱，连同贵州、广西等地也出现干旱，七百多万人缺水缺粮，农作物在春天不能正常生长，其中包括产糖的甘蔗，致使糖价上涨。水资源原本丰富的地方一旦发生干旱，往往灾情特别严重。

从古至今，干旱仍是人类面临的主要自然灾害。即使在科学技术如此发达的今天，它造成的灾难性后果仍然比比皆是。

干旱可以分成许多种类，中国比较通用的有三种——气象干旱、农业干旱和水文干旱。

气象干旱，指不正常的干燥天气时期，持续缺水足以影响整个区域，引起严重水文不平衡。

农业干旱，是指降水量不足的气候变化，对农作物产量或牧草产量产生不利影响，也就是会直接影响我们日常生活所需的粮食问题。

水文干旱，说的是在河流、水库、地下含水层、湖泊和土壤中含水量低于平均值的时期。城市过度开采地下水，就会引起水文干旱。

2005年开始，全国各地陆陆续续出现了不同程度的干旱，且涉及干旱的各种类型，这应该

范围最广、灾情最重的一次旱灾是20世纪60年代末期在非洲撒哈拉沙漠周围发生的大旱，影响34个国家，使一亿人口的生存受到威胁。从1876年到1879年，中国华北地区四年大旱，受灾地区有山西、河南、陕西、直隶（今河北）、山东等北方五省，并波及苏北、皖北、陇东和川北等地区，农产绝收，田园荒芜，饿死者达一千万以上。

71

引起人们的重视和反思。

抗击旱灾，还是重在预防，一般来说，以下几点是抗旱保收的主要手段：

第一，兴修水利，发展农田灌溉，这是抗旱的根本。

第二，改进耕作制度和作物构成，种植耐旱品种，即在有限的降雨下能成活的作物。

灌溉设施的改善和灌溉机械的使用 ▼

第三，从长远来说，应该植树造林，改善区域气候，减少蒸发量。需要强调的是，在干旱地区植树造林是要充分权衡利弊的，有时候，树种下去，反而会造成更多的水分蒸发，树成了从干旱地区抽取地下水的抽水机。

第四，利用人工降雨、喷滴灌、地膜覆盖等辅助技术，考虑利用质量较差的水源，甚至包括劣质地下水、海水等。

有些地区的干旱是结构性的，例如中国南方大部分地区水量充沛，水资源比较丰富，在春天播种的时候是南方雨水充沛的时候，新种的水稻都可以得到较充分的水分，即使偶尔一两年的缺水也不会造成大灾害。只要注意用灌溉设备把水引到受旱地区就可以了。

比较棘手的是北方的干旱，春天雨水不多且常有风沙，容易对幼苗产生损害。

年降水量少于250毫米的地区称为干旱地区，年降水量为250～500毫米的地区称为半干旱地区。世界上干旱地区约占全球陆地面积的25%～30%，大部分集中在非洲撒哈拉沙漠边缘，中东和西亚，北美西部，澳洲的大部分地区和中国的西北部。

◀旱稻的耗水量仅为水稻的一小部分

对抗沙尘暴
——还春天一片绿色

在生机盎然的春天，大自然本应是一片充满生机的绿色，但中国北方的空气总会被突如其来的黄沙污染，遮住了原有的蓝天。当沙尘暴来临的时候，漫漫黄沙向行人扑去，所有的人要么不出门，要么就戴着帽子、口罩等，全副武装地出门。而且在全球气候发生剧烈变化的当下，沙尘暴有愈演愈烈的趋势，到底如何才能还春天一片绿色呢？

沙尘暴中依稀可见的北京故宫

2011年4月28日，北京遭到了2011年强度最大、范围最广的沙尘暴袭击。沙尘暴来袭时，整个北京城被笼罩在漫漫黄沙当中，街上全是带着白色口罩或是围着头巾在大风、黄沙中快步行走的人。

4月28日还只是一个开始，"五一"劳动节小长假期间，沙尘暴又一次袭击了包括北京在内的北方地区。人们只好在黄沙飞舞中在各个景点前留影纪念，连露天音乐节的乐队也戴上了口罩。

大多数人都觉得沙尘暴只单单是一种灾害，其实，沙尘暴是两种灾害混合在一起的灾害，由沙暴和尘暴共同组成的。其中沙暴是指大风把大量沙粒吹入靠近地面的地方所形成的带沙的风暴；尘暴则是大风把大量尘埃及其他的颗粒物质卷入高空所形成的风暴。两者相加形成了沙尘暴——使能见度小于一百米的严重风沙天气现象。

沙尘暴危害大，范围广。沙尘暴所经之处空气浑浊，呛鼻迷眼，还会使患呼吸道等疾病的人数增加。大量带有有害物质的尘土进入人体内

火星上的沙尘暴。2008年11月3日，火星上发生的一场大规模尘暴，导致阳光美国宇航局的"勇气"号火星车太阳能电池板几乎失灵，差点毁了"勇气"号。"勇气"号已经在火星上工作了近5个年头，沙尘暴发生后，它的太阳能电池发电减少了一半，几乎没法维持运行了。

植树节。中国的植树节定于每年的 3 月 12 日，植树节的宗旨是为了激发人们对绿色的热爱，促进中国绿化的发展，保护人类赖以生存的生态环境。在植树节期间，全国各地都会响应植树造林的号召，举行植树造林活动。在地球母亲受到如此多的伤害之后，植树节开始变得越来越重要。

▼ 恢复天然植被是对抗沙尘暴的有效方法

部，病菌借机侵入，引发各种疾病。

沙尘暴对农业打击很大，会使大量牲畜感染呼吸道及肠胃疾病，严重时还将导致大量牲畜死亡。它还会刮走表层肥沃土壤及其中的种子和幼苗。

沙尘暴对交通安全很不利，严重时面对面却看不见人，飞机不能正常起降，甚至使得车厢玻璃破损，严重时会导致火车脱轨。

形成沙尘暴的因素可以分为人为因素和自然因素。人类过度放牧、滥伐森林、破坏植被，工矿交通建设造成了大面积沙漠化的土地，这是孕育沙尘暴的温床。而土壤风蚀则是沙尘暴发生发展的首要环节。风是土壤最直接的动力，尘土的质量本就十分轻，在大风的鼓吹下轻而易举地就可以在不同地点间快速地移动，增大受灾面积。

沙尘暴来自大自然，却也受自然制约。天然植被能分散地面上的风力，减少气流与沙尘之间的接触面积，还能加固土壤，因而成为沙尘暴的克星。因此，栽种植物，是防治沙尘暴的有效方法之一。

　　植被覆盖少的地方沙尘暴频发，这往往是毫无节制的放牧所致，应该果断地暂停放牧，育林育草，恢复天然植被。这样才能给植物以繁衍生息的时间，逐步恢复天然植被。封育同时，还应该人工补植补种，增加植物的存活率，加速生态向好的方向发展。

　　大面积播种绿色植物，靠手工是不行的，飞机播种速度很快，成本也不高，对恢复偏远荒漠、荒山地区植被是一个很好的办法。

　　在中国沙尘暴频发的地方我们还常见到防护林，为了防治沙尘暴建立风沙区防护林体系也是比较有效的方法之一。因为是一个防护体系，所以风沙区防护林体系是由几部分组成的，包括绿洲外围的封育灌草固沙带、骨干防沙林带、绿洲内部农田林网及其他有关林种。

　　总而言之，植树造林、恢复植被是治理沙尘暴的关键。真的要消灭沙尘暴，首先要还大自然一个绿色的面貌。

沙尘暴监测预警系统
——减少沙尘暴造成的损失

　　虽然生物防沙已取得了一定的成效，可是生物生长的速度仍然是较为缓慢的，因此要想对付沙尘暴，除了加大治理力度之外，还可以使用沙尘暴监测预警系统。在沙尘暴来袭前提前通知，让人们做好防御的准备，最大限度地保护自己。

沙尘暴造成大气污染

西北和华北北部地区植被稀少、土地多孔状和直立方向裂缝的条件，再加上长时间的大风天气，让这些地区成为孕育沙尘暴的温床。我们时常可以听到："辽宁遭遇入春以来最严重的一次浮尘天气"；"哈尔滨市夜间将迎来一次降雨过程，沙尘天气有望得到缓解"；"内蒙古中部出现沙尘暴，部分地区出现强沙尘暴，能见度不足300米"等天气预报。

但是，你们了解这些吗？远古时期，中国的黄土高原和华北平原正是由从南边吹来的沙子造就的，于是中华儿女在这里休养生息。世事变迁，如今，失去了草原与森林，沙尘摇身一变成了沙尘暴。

从天气监测分析、天气预报、沙尘天气短期预测和天气评估这四个方面入手，中国建立了沙尘暴监测、预报和预警综合系统，这些重要部分成了监测沙尘暴必不可少的环节。2001年3月，气象台首次向社会发布了沙尘暴监测预警，显示了监测系统卓越的功绩，引起了全社会的注意。

从"砍树标兵"到"植树先进"的"赎罪山大王"——朱学明。20年前，他锋利的刀斧让一片片原始森林变成光头山。幡然醒悟后他申请调到育林队，成为一名育林工人。用20年的时间植树赎罪，换来了渝黔交界的几百亩林子。20年间，他用生命保护被自己当做家人的树林。朱学明说他没打算走出林子，即使退休了，还要种树，如果他死了就树葬，永远和树在一起。

应对危机——高科技与防灾

▲ 沙尘暴会影响人们的健康与生活

结合沙尘暴分布情况，科学家发明了适合中国沙尘天气的预报系统。这就是沙尘天气集成数值预报系统，它可以揭示沙尘暴规律，帮助研究人员更好地建立沙尘暴模型、完善中国春季沙尘暴预测系统、进行沙尘灾害评估。

在夜间，它用光来计算沙尘的厚度，对沙尘参数进行昼夜定量自动监测。如此一来，研究人员就算没有亲自监督沙尘暴，也能够掌握它的一举一动。

在中国北方防治沙尘暴方面，预报系统发挥了重大的作用。几年来，对沙尘暴预防与治理双管齐下，人们终于可以在春日的暖阳下尽情嬉戏玩乐了。

人类的想法无穷无尽，日渐先进的高科技设备也被一件又一件地发明出来。但是，人与自然是相关联的，修复永远比破坏要付出更大的努力。我们一定要更加爱护地球母亲。

沙尘暴并不是只会伤害人类，它也是全球生态系统的重要一环，当全球变暖让人焦头烂额的时候，它却成为抵抗全球变暖的幕后英雄。为什么这样说呢？原来，海洋浮游植物能够大量吸收二氧化碳，而沙尘暴为海洋上的浮游植物提供了养料，促使浮游生物吸收更多二氧化碳。

▼ 现代空间遥感技术有助于对沙尘暴天气进行监测分析

消灭鼠灾，保住粮食

许多人都把这句话挂在嘴边，动物是人类的好朋友。环保人士经常站出来抗议屠杀伤害野生动物，如吃鱼翅等行为。然而，蝗虫过处满目疮痍，田鼠太多会引发鼠疫。当鼠灾来临时，农民兄弟对此又该如何处理呢？

老鼠是一种极其灵活的动物

与许多动画片一样，现实中的老鼠也是一种极其灵活、狡猾的动物，它们生存于各种与人类息息相关的场所，能够频繁接触人类，并且能够经常繁殖和搬家，成为很多疾病发生和流行的传播者，可传播鼠疫等30多种疾病。

老鼠一旦大量生长，会大量盗食森林里的植物种子，啃食幼苗、树皮，给森林带来严重的危害。老鼠还会破坏畜牧业，比如和小羊、小牛争抢青草，影响牲畜生长。它们还会破坏工业及建筑安全。被老鼠咬破电线造成短路引发的事故屡见不鲜，危害严重。

老鼠是爱吃东西的动物，每只老鼠每天要吃掉相当于它体重1/5的食物。有专家估计，人类每年生产的粮食中约有5%被老鼠吃掉了，也有人估计老鼠每年吃掉5000万吨粮食。

专家们想了许多办法来整治它们，一般可分为化学灭鼠、生物学灭鼠和生态学灭鼠。

化学灭鼠法也叫作药物灭鼠法，是应用最广、效果最好的一种灭鼠方法，肠毒物灭鼠和熏蒸灭鼠都属于药物灭鼠。肠道灭鼠药的主要成分是有机化合物，其次是无机化合物和野生植物及其提取物。胃肠道灭鼠药要老鼠爱吃而且毒性适中，以它为主制成各种毒饵，效果好，用法简易。

2007年6月下旬以来，随着水位不断上升，栖息在洞庭湖附近的东方田鼠开始纷纷搬家。它们四处打洞，对湖南省22个县市区的沿湖防洪大堤和近800万亩稻田造成了严重危害。据粗略统计，从6月21日至24日，捕杀的田鼠多达90吨，令人哗然。

应对危机——高科技与防灾

生物学灭鼠法是利用天敌灭鼠，如黄鼬、野猫、家猫、狐这一类食肉的小动物，还有鸟类中的猛禽以及蛇类。因此，保护这些鼠类天敌有利于克服鼠灾。

生态学灭鼠法的重点在环境改良方面，包括防鼠建筑、断绝鼠粮、农田改造、搞好室内外环境卫生、清除鼠类隐蔽处所等。不为它们创造生

▲ 鼠笼

▼ 猫头鹰是老鼠的天敌

购买、投放灭鼠药的注意事项：购买药品要去有经营灭鼠药资格的部门，以免上当受骗。知道所用灭鼠药的成分、安全解毒方法，把灭鼠药放在小孩取不到的地方。自身和孩子的安全最重要。万一误食要马上到医院进行救治。

长的条件，鼠类自然就不能生存和繁衍了。蟑螂的治理与鼠灾类似，最关键的是要把剩余食物处理好，卫生死角要清理干净。生态学灭鼠法在克服鼠灾中是很重要的。

　　处理老鼠的尸体是消灭老鼠后很关键的环节，不然其腐烂很容易引发疾病，并危害本地生物。

多法治蝗
——为农作物丰收保驾

夏天，啃食草叶的蝗虫三三两两地栖息在河边绿草上。齐白石先生的画里，也常常有碧绿的蝗虫衬托画的美丽，让人觉得颇有生趣。但是，一旦蝗虫漫天遍野地像沙尘暴一样向你袭来，你又会感觉到什么呢？

蝗虫

蝗虫有娇小的体型，锋利的牙齿使它们能够不断地啃食植物，造成极大的伤害。蝗虫具有极强的繁殖能力。当蝗虫聚集得过多时就会发生蝗灾。

一旦发生蝗灾，大量的蝗虫会将天地间的植物啃噬得片甲不留。农业遭受严重的经济损失，历史上，蝗灾多次导致粮食短缺，发生大面积饥荒。

蝗灾发生的原因是什么呢？从环境方面看，旱灾容易引起蝗灾。从生活习性上来看，蝗虫是群居动物，且繁殖力很强。另外蝗虫所产的卵深埋于地下，难以发现。

由于全球气候变暖而导致的冬季温度上升，将有利于蝗虫越冬卵的成活，因此有专家做出预言：未来蝗灾将会大规模发生，对中国的粮食生产造成严重的影响，治理蝗灾迫在眉睫！

对于蝗灾这一世界性的难题，世界各国自20世纪40年代以来主要利用化学防治，极大地危害到了环境。蝗虫微孢子虫的出现，将化学防治蝗灾的限制突破了，成为生物防治蝗灾的一个很好的例子。

中国画向来有画花鸟鱼虫的传统。国画大师齐白石曾经画过描绘昆虫的作品，经常以蝗虫入画。比如《葡萄蝗虫》，葡萄架上挂着几颗葡萄，地面上则伏着一只蝗虫，似乎正跃跃欲试要觅食，充满了田园生活的乐趣。

利用天敌对抗蝗虫：中国山东省有关部门曾进行过一项实验——培育蝗虫天敌"中华雏蜂虻"，对消灭蝗灾产生一定作用。新疆等地采取牧鸭、牧鸡等方式消灭蝗虫，也能产生不错的效果。此外，园蛛、狼蛛等在田间结网捕食的蛛类，也能在田里迅速找到小蝗虫并将其吞食。利用天敌对抗蝗虫效果明显而且完全没有污染，只是在引进天敌的数量方面要多加注意。

用飞机喷洒农药是消灭蝗灾最有效的方法，这种方法杀虫率高、灭杀范围广。缺点是使用飞机的成本高，并且农药会污染环境，对人体有害，即使杀虫率高，也不能长期使用。

蝗虫微孢子虫是单细胞原生动物，是寄生在蝗虫等昆虫身上的原生动物。美国昆虫病理学家亨利长期研究了这种病原物，发现可以利用它来破坏蝗虫的生长发育。在20世纪80年代，蝗虫微孢子虫成为第一个注册的生物防治制剂，开始在美国大规模地用于抑制蝗灾。

▼ 铺天盖地的蝗虫

当蝗虫幼虫受到微孢子虫感染后，发病时间是两到三周。微孢子虫可以在寄生过程中将蝗虫体内大量能量消耗掉，蝗虫会由原来的灵活敏捷变得拖拖沓沓、精神不振。有些异种的微孢子虫还专门感染母蝗虫的生殖器官，影响蝗虫的繁殖过程。

▲ 飞机喷洒农药杀灭蝗虫的方法不能长期使用

YINGDUI WEIJI——GAOKEJI YU FANGZAI

　　蝗虫不会放过死去同伴的尸体，健康的蝗虫吃了病虫尸体以后也会得病，微孢子虫病害在蝗群中不断流行。所以，这种治理蝗虫的方法是常年有效的。

　　在前人研究的基础上，中国根据实际改进了这种技术，使生物防治制剂可以感染中国的20多种蝗虫，有效灭蝗。

　　不过，生物防治制剂产生影响的时间较长，一般在使用两周后才有蝗虫大量死亡，若蝗虫密度过高，将很难在短时间内达到预期效果。这时，就要配合以农药灭蝗才行。

　　从前，辛勤劳作的农民的噩梦就是发生令人恐怖的蝗灾，一旦发生，一年的劳作将付之东流。现在，有了快效、全面的防护体系，农业丰收又多了一层新的保障。

陆地生物入侵
——不怀好意的访客

豚草

小小的动植物，漂洋过海，来到了异国，能产生多大害处呢？殊不知就是这些小小的动植物也可能会破坏自然界长期进化形成的生物链，还会危害人们的社会生活和经济发展。

春暖花开，人们成群结队地出去踏青，过敏性皮炎和支气管哮喘等反应有时候会在我们身上发生。医生告诉人们这叫"花粉过敏"。但大多数人并不知道，中国人花粉过敏的主要致病原，常常是一种外来入侵生物，它的名字就叫"豚草"。

外来生物入侵，已成为全球化时代的一个新问题。

紫茎泽兰原产于墨西哥至哥斯达黎加一带，1865年起作为观赏植物引进到美国、英国、澳大利亚等地栽培，没有引起当地的重视。20世纪50年代，紫茎泽兰作为观赏植物引入了中国，因为它本身具有极强的生存能力，在中国西南地区又缺乏天敌，因此不可抑制地四处蔓延开来，所到之处就像蝗灾，荒山、农田的其他植物都被它们代替，甚至野草也毫无立足之地。目前已经成为中国西南地区的头号入侵生物。

1979年，一种美国白蛾进入中国辽宁丹东，随后扩展到山东、陕西、河北、上海，由于经验和警觉的缺乏，随后20年里美国白蛾很快占领了这片地区，危害300多种植物。它们有巨大的食量，成片的树林常被横扫一光，被称为无烟的火灾。

生物多样性，是大自然分配和循环资源的根本，也是人类得以生存的根本。而入侵生物最大的危害就是破坏生物多样性。

入侵生物会让本地物种加快灭绝的速度。外来生物侵入到适宜生长的新地方后，如果没有制约它们的天敌，就会无限制地繁殖，成为"优势种"，大量吸收土地的营养，占据生存空间，本地动植物就会灭绝。

从长远看，对植物生长土壤的水分、营养成份以及生物群落的结构稳定性及遗传多样性等方面而言，入侵植物也会造成影响。微生

宠物巴西龟是中国生态的杀手。巴西龟整体繁殖力高，存活率高，觅食、抢夺食物能力强于中国任何本土龟种！如果把它放生，因基本没有天敌且数量众多，将大肆侵蚀生态资源，严重威胁我国本土野生龟及类似物种的生存。在适于其生存的旅游景点，由于民众积极地放生，基本上都可看到满塘皆是巴西龟的震撼景象！虽然巴西龟寿命仅为二十几年，但只要达到生殖期，就能顺利交配，顺利孵化，顺利成活。近几年巴西龟在中华大地遍地开花，个体已呈几何状繁衍，占据了大部分属于中国本土龟种的野外生存空间！

应对危机——高科技与防灾

德国小蠊，原产于德国，故称"德国小蠊"。因国际间的贸易往来，在商品流通运输的过程中输入中国，由于其体态与美洲大蠊极为相似，个体的大小如美洲大蠊四分之一，属蟑螂的一个品种。

但是小蠊的繁殖速度和繁殖数量比一般蟑螂要快数千倍，小蠊的生活习性与一般蟑螂相似，喜在宾馆、酒店的中西厨房、酒吧、餐厅、包房等场所活动。它对人们造成的危害与蟑螂类似，主要是它们在活动期间将许多有害物质及病菌等传播到人们的食品及用具中，对人们的生命健康造成危害。相对于蟑螂，德国小蠊的危害可谓有过之而无不及。

物入侵则更可怕，它会直接将人杀死。欧洲人入侵美洲的武器不是枪炮弹药，而是沾满了天花病毒的"礼物"。

用药物等措施进行入侵物种控制效果并不明显。有人计算过，如果想要用药物清除紫茎泽兰，就算开动全国的制药厂也做不到，再加上喷药所用的飞机成本高，代价不可想象。唯一的办法是引入天敌。

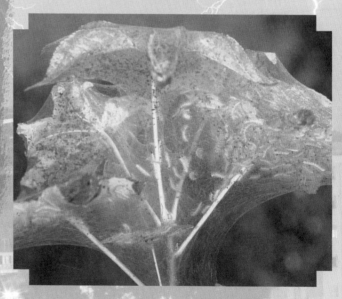

▲ 美国白蛾的幼虫可以将树林横扫一光

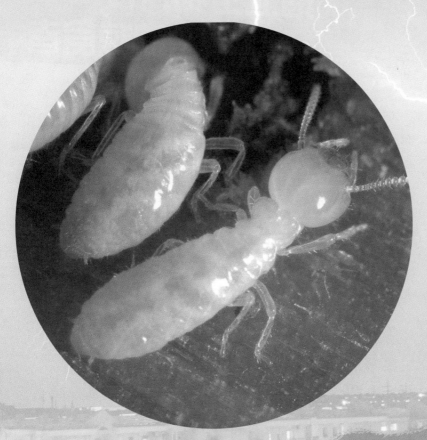

▲　白蚁

　　中国科技人员在众多美国白蛾的寄生性天敌蜂中，筛选出了一种寄生蜂——周氏啮小蜂，才控制住美国白蛾的入侵。至于紫茎泽兰，虽然也引入了寄生宿敌，但要真正控制住，仍然需要等待一段时间。

　　周氏啮小蜂是一种寄生蜂，能够很容易地寄生在蛹内，非常容易进行繁殖，对美国白蛾等鳞翅目有害生物有极大的危害，能将产卵器刺入美国白蛾等害虫蛹内，并在蛹内进行自身发育，在寄生蛹中吸取营养。

海上生物入侵
——漂泊的掠食者

与陆地的生物入侵作比较，海上的生物更容易漂流扩散，各种船只的往来和海洋的循环都可能会让一些生物漂流到别的区域，不仅危害海洋的生物平衡，有些动植物还可能被冲上陆地，形成海陆两地的生物入侵。所以我们经常认为海上生物蔓延产生的破坏性超过陆地。

各种船只往来将一些生物带到别的区域

据悉，全球每年由船舶携带的浮游植物孢子不计其数，这些生物以不同方式生活在水中，一旦入侵到新的适宜生存的区域中，就能进行不可控制的"雪崩式"的繁殖，疯狂地捕食本地生物，以致有害寄生虫和病原体大面积迅猛传播，甚至造成本地物种灭绝的严重后果。

或许有人认为这些数据仅仅是耸人听闻，一直以来也很少听说生物入侵的危害，但伴随着科技的进步和货物运输利益的驱动，船舶航行速度加快，进而加剧了有害的外来生物物种的存活与传播。这些海上的外来生物破坏了港口水域的生态平衡，并将严重影响居民的健康，威胁近岸海域环境，如果我们不加紧防范，新的一轮生物大战迟早会爆发。

就拿大家熟悉的小龙虾来说，小龙虾是人们喜欢的美味佳肴，殊不知，其实小龙虾也是海上入侵生物的一种，它们的繁殖能力特别强，凡是养殖过小龙虾的农田都会被破坏，失去耕种能力。

还有令专家非常无奈的水葫芦，它们繁殖能

▼ 餐桌上的小龙虾其实也是一种海上入侵生物

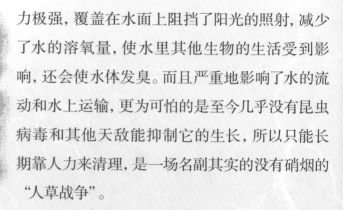

什么是无机盐?

无机化合物中的盐类叫做无机盐,旧称矿物质,在生物细胞内一般只占鲜重的1%~1.5%,现在已经在人体内发现了20多种。

力极强,覆盖在水面上阻挡了阳光的照射,减少了水的溶氧量,使水里其他生物的生活受到影响,还会使水体发臭。而且严重地影响了水的流动和水上运输,更为可怕的是至今几乎没有昆虫病毒和其他天敌能抑制它的生长,所以只能长期靠人力来清理,是一场名副其实的没有硝烟的"人草战争"。

科学家做了大量探索性研究工作,但当前并没有一种国际公认有效的治理水域生物入侵的方法。不过,技术界不少人认为,羟基法是治理水域生物入侵的理想方法。羟基自由基属强氧化剂,具有极强的灭杀微生物特性。羟基与脱氧核糖核酸作用后形成的加合物会造成不可修复的化学损伤;羟基攻击细胞膜的磷脂多烯脂肪酸的侧链,可致使生物细胞结构出现损伤而死亡。另外,羟基与入侵微生物的反应属于游离基反应,它杀死微生物的化学反应速度极快,在压载水输送过程中就可以杀死微生物,具有广谱致死特性。可是,如何制取高浓度羟基溶液一直是研究的焦点和难点。

中国科研人员使用强电离放电法为解决这

一难题提供了新方法。他们采用强电离放电法，在船上把O_2和H_2O制成高浓度羟基溶液（药剂）加入压载水主输送管道内，形成较低浓度就能有效杀死压载水中的原生动物、藻类、孢囊、细菌等微生物；剩余羟基药剂及微生物尸体均分解成无害物质H_2O、CO_2、O_2及微量无机盐，大幅度地净化了压载水水质。加工羟基药剂的设备体积小、操作简便、运行成本远低于航行中深海更换压载水的费用。强电离放电制羟处理压载水是有效、可行、无残留物污染的处理方法。

有些专家建议在大型船舶上对这种方法进行工业化试验，并进一步完善设备及技术，实现设备标准化，争取尽快得到国际海事组织认可。但了解此方法需要非常熟练的化学知识，一般的百姓很难掌握，因此只有把解决海上生物入侵的难题交给科学家了。

什么是羟基？

羟基，又叫做氢氧基。是由一个氧原子和一个氢原子相连组成的中性原子团，化学式为 -OH。

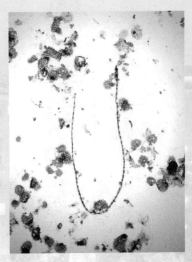

▲ 强电离放电方法可以杀死压载水中的微生物

风云三号 B 星
——守护人类的 "星星"

夜晚，天空中挂着无数的星星，不管天气如何恶劣，它们都静静地看着人类生活，天空晴朗以后，又会照常出现在天空，仿佛遥不可及。面对气象灾害，让我们不再觉得孤立无援的星星是哪一颗呢？那就是风云三号B星。

风云三号A星发射升空

在风云三号B星之前，守护人类的重担就落在风云三号A星头上。但是，中国下午时间的气象观测还存在着空白，为了填补这一空白，风云三号B星出现了。

在A星成功发射后两年多，2010年11月5日，风云三号B星在太原发射成功，顺利进入了轨道。

2011年5月26日，风云三号B星气象卫星在经过为期半年的考验后正式投入使用。开始和风云三号A星一同守护人类的生活。

风云三号B星是中国第二代极轨气象卫星系列中的第二颗卫星，成功发射后与风云三号A星"双星合璧"，第一次实现了中国极轨气象卫星上午星和下午星的双星组网观测，将全球观测频次提高了两倍之多，观测速度也整整提高了一倍，这使气象台能够更加快速地进行气象预警。风云三号B星填补了中国在下午时间气象卫星观测的空白，能够对中国南方下午发生的暴雨进行监测，提高了数值预报的精度。

风云三号B星不仅弥补了下午气象观测的空白，还在技术方面有了许多突破。比如，它可以

风云三号A星，2008年5月27日在太原发射成功，它像是一个在空中流动的气象观测站，对地球和大气进行全天候、全方位的不间断观测，无时无刻不在关注保护着人类的生活。风云三号A星从投入使用开始，在奥运、汛期、生态和自然灾害监测中发挥了重要作用。现在，风云三号A星和B星已成为世界气象组织对地观测系统的重要成员，开始对世界人民作出自己的贡献。

99

进行地球环境综合观测，还将分辨率优化到了百米级，从单星观测发展为双星组网观测等等。风云三号B星用以上突破性的技术填补了中国国内卫星平台、有效载荷研制等方面的技术空白，让科研人员获取宝贵的第一手数据，在气象保障、防灾减灾这些领域发挥着不容忽视的作用，从根本上对人类生活进行守护。

▲ 酒泉卫星发射基地

　　风云三号B星这颗守护着人类的"星星"，不只对守护人类生活发挥着重要作用，还标志着中国新一代极轨气象卫星技术的日趋成熟，也标志着中国气象卫星达到了世界先进水平。风云三号B星已经被世界气象组织纳入全球气象卫星观测网，在监测中国天气情况的同时，也开始肩负起守护全球的任务。

▼ 俯瞰肯尼迪航天中心

　　世界著名卫星发射基地：肯尼迪航天中心，它的位置在美国梅里特岛上，成立于1962年7月，是美国宇航局（NASA）进行航天器测试、准备和实施发射的最重要场所。

　　西部航天和导弹试验中心，它位于美国西海岸上的洛杉矶地区，成立于1964年5月，战略导弹武器试验、发射各种军用卫星和极地卫星等是它存在的主要用途，它的航天发射次数是全美国最多的。

　　库鲁发射场，位于南美洲的库鲁地区，建成于1971年，是到现在为止，法国唯一的航天发射场所，也是欧洲太空局（ESA）开展航天活动的主要场所。

用火箭的速度预报灾害——超级计算机

在家里上网，下载一部高清电影竟然仅仅需要二十几分钟的时间，也许你会感到惊讶，如果你使用的是超级计算机，那你肯定会不敢相信地掐自己一下。的确，如果把普通计算机的运算速度比做成人的走路速度，那么就能用火箭的速度比作超级计算机的速度，这怎能不让人惊讶呢！

并不是所有的超级计算机都拥有同样的性能，生产超级计算机的机构不同，计算机的性能也会有所差异。科学家以超级计算机的综合性能为标准，总结出了世界公认的十大超级计算机：走鹃、美洲虎、尤金、昂星、蓝色基因L、北海巨妖 XT5、蓝色基因 P、巡游者、曙光、尤罗帕。

水文气象灾害总是扰乱人类平静的生活。干旱、洪水及暴风雨危及人类的生存，使得人类不得不搬迁远离原本生活的家园，甚至有时候还要经历生离死别的痛苦。水文气象灾害还严重破坏生态系统，阻碍社会经济的发展。

有了超级计算机，许多问题迎刃而解。超级计算机除了进行气象研究和预测外，甚至还能够模拟灾难现场，提高国家应对灾难的能力。

超级计算机，通常是指由数百数千甚至更多处理器组成的、能计算普通计算机不能完成的大型复杂课题的计算机。在超级计算机运算速度堪比火箭的情况下，研究人员得以快速地建立模型来将从前无法模拟的自然现象加以预测和解释。

地球大气层变化无常，要想精确地预测某一地区的天气，实际上是不可能的。但如果局限到某个时段、某个区域，却能够计算出大致的趋势，这就是动力学天气预报方法。这种方法把大气运动描述成动力学方程组，然后计算出未来的天气。这是因为大气运动遵循一定的物理法则，而这些法则又可以由一组微分方程来表示。如果我们求出了近似解，就可以了解大气运动的后续变化。

可想而知，动力学计算必须满足几个条件：第一，初始状态必须准确，也就是计算的起始数据不能有错。第二，天气预报模型要符合实际情况，如果模型错了，方程组错了，自然不会有正解。第三，要有迅速完成大量运算的能力，如果靠人拿着笔计算，算出来的时候，天气变化早就过去了。

天气预报所需的运算能力，只有超级计算机可以满足。各国在超级计算机领域都鼓足劲竞相发展，天气预报是一个重要的动因。试想

全球超级计算机之首——"美洲豹"：隶属于美国能源部，坐落于美国橡树岭国家实验室。就像它自己的名字一样，它就像美洲最快的动物——美洲豹一样是超级计算机中速度的最强者，它的运算速度比"走鹃"大约快70%。"美洲豹"属于民用计算机，主要用于模拟气候变化、能源产生以及其他基础科学的研究。

▲ 超级计算机"走鹃"

▲ 超级计算机"蓝色基因P"

▲ 超级计算机"美洲豹"

一下, 不仅农业需要天气预报, 交通、军事、奥运会, 人类有哪项活动能和天气撇清关系呢?

我国首台千万亿次超级计算机系统"天河一号"在2010年全球超级计算机前500强排行榜中排名第一, 到2012年6月, 依旧保持这第五的高位。"天河一号"由国防科学技术大学研制, 部署在国家超级计算天津中心, 其实测运算速度可以达到每秒2570万亿次。这台超级计算机投入使用后, 突破以往的计算能力限制, 使得天气预报时效延长至8天, 比以前的预报时效长了近一倍。而且, 还可将全球10天预报时间缩短为40分钟, 与国际最高水平的欧洲中期预报中心预报水平相当。这不能不说是一个巨大的进步, 要知道, 天气预报业界一个普遍的说法是, 天气预报时效每增加一天, 气象和计算机技术人员需要努力10年。

超级计算机技术依然在不断完善, 随着技术不断的改进, 超级计算机预报灾害、分析灾害的能力将会越来越强大, 精确度也会越来越高, 灾难给人类带来的损失和伤害也会越来越小。

第三篇
抗击人祸

矿难事故
——与死神赛跑

近些年来，有关矿难的消息总是牵动人心，瓦斯爆炸、煤尘爆炸、透水事故、矿井失火、顶板塌方，夺走了一个又一个生命。消除矿难，关键在于加强安全生产管理，在矿难时拯救矿工的生命，则考验着人们的科学自救意识和科学营救智慧。

成功获救的矿工

矿难指的是采矿过程中发生的事故,具有很大的危险性并且容易造成伤亡,世界上每年至少有几千人死于矿难。因此,我们特别需要从一些成功的矿难救援行动之中吸取一些宝贵的经验,学习救援中的高科技,保障矿工的生命安全。

当2010年8月5日智利北部阿塔卡马沙漠中的圣何塞铜金矿发生塌方事故时,在矿井内700米处埋着33名矿工,17天后才被救出,奇迹般生还。此次矿难营救活动非常困难,有许多国家都参与了救援。而奇迹的创造也同样离不开各种高科技的帮助,那么奇迹究竟是如何发生的呢?

矿难发生后,为将矿工平安救出,救援方制定了A、B、C行动计划,分别使用三台不同挖掘机械。最后根据救援B计划,他们将会使用一种特殊的钻机,将坚硬的岩层穿透,开凿出一条救援用的隧道,直通矿工被困的空间。当日8时05分,救援计划B的工程人员使用重型挖掘机成功完成了624米全程隧道的挖掘,接下来的几天,工程人员对隧道进行拓宽和加固工作。10月11日用金属管完成救援通道内壁加固,以防矿工升井时通道墙体出现塌方险情。

常见的矿难种类都有哪些呢?

瓦斯爆炸、煤尘爆炸、瓦斯突出、透水事故、矿井失火、顶板塌方等。

▲ 救援人员正在搭建救援通道

瓦斯爆炸是如何产生的？

瓦斯与空气混合，在温度很高的条件下急剧氧化，并产生冲击波，这种现象是煤矿生产中的严重灾害。中国煤矿瓦斯爆炸的火源主要是电火花和爆破，发生的主要地点是采掘工作面。煤矿瓦斯爆炸产生的瞬间温度可达 $1850 \sim 2650\ ℃$，压力可达初压的 9 倍，爆源附近气体以每秒几百米以上的速度向外冲击，伤害人体，器材设施和巷道也被损坏。爆炸后氧浓度降低，生成大量 CO_2 和 CO，非常容易引起中毒和窒息。

此次参与智利被困矿工救援任务的三一SCC4000履带起重机被誉为"神州第一吊"，在电控、力限系统、液压装置等方面都领先于世界。它起重量达400吨，是目前中国出口到南美洲的履带起重机中最大起重量的一个。它不仅参与了智利两大火电站建设的吊装工作，还参与了该国大型风电项目的吊装工作，工作性能非常稳定。当测算和准备工作都做完后，起重机将首先完成救援通道内壁的吊装工程，然后再根据现场情况决定如何吊装"救援胶囊"（救人用搭载舱）。

这个"救援胶囊"的名字叫做"凤凰"号。制造者是智利海军，在救援通道被拓宽后，它从

▲ "凤凰"号救援胶囊

700米深的地下依次搭载33名矿工升井。

这种外形如子弹的救生艇是特制的,长2.5米,内部高度约1.9米,直径大约70厘米,重250千克,里面装备供氧、通讯和逃生设备。它看上去像一个笼子,周围是由铁丝围起来的,上部白色,下部红色,中间是蓝色的铁笼,只能容纳一人在其间站立。它的形状和颜色类似胶囊,因此媒体用"胶囊"形容它,实在是贴切的比喻。

而在营救人员发明的救援器材中最具创意的也许要属一套名为"白兰鸽"的设备。它是一根空心圆柱,长度为5英尺(约1.5米)。类似于气动导管的工作原理,能穿梭于地上和地下,为矿工运送物资。营救人员向"白兰鸽"里填放补给品,然后用升降设备通过一条直径四英寸(约10厘米)的通风管送达矿工避难处。这一套设备每天要往返40次,为被困矿工送去食物和其他必需品,并将他们的信件和换洗衣服带回。

所有救援里最紧急的使命是在限定的救援时间里竭尽全力进行救援,要抓住黄金救援时间把人从被困的密闭空间里解救出来,而这些特制的"秘密武器"能够更好地帮助我们,争抢宝贵的救援时间。

矿难事故
——细节决定胜负

在救援时除了运用高科技外，同样重要的是被困人员的卫生、起居等细节，这场战争是与时间的较量，更是与心理的抗争，经常被我们忽略的细节，实际上都是救援行动的重点，以细节决定胜负不仅仅是工作学习上获得成功的钥匙，更是在关键时刻挽救生命的良方。

通过这个管道为被困矿工送去各种补给品

当救援器械都准备好以后，被困人员能否坚持到隧道打通的那一天就显得尤为重要，所以各个方面的专家都尽自己的职责来更好地满足被困人员生活、精神需求，坚定他们活下去的信心。

33名矿工被困地下，他们的应用物资和所生存的封闭环境，都与太空人员面临的情况有些相似，所以科学家开始思考利用在太空上的技术来帮助被困矿工。

日本宇宙航空研究开发机构给33名智利被困矿工提供了救援物资，其中包括用太空服材料生产的内衣等。

"太空内衣"的吸湿性和除臭性非常出色，能让矿工在平均气温35℃左右的地下过得更加舒适。此外，日方还向智利政府提供了具有减压效果的太空食品黑糖和薄荷糖，舒缓受困矿工的心情，让他们放松地等待救援。

专家考虑到被困人员长期生活在地下一个密闭空间里，防止生病和传染是一项极为艰巨的任务。考虑到地下长期居住的环境和国际空间站极为相似，智利政府求助于美国宇航局。9月开始，来自美国的营养师为被困矿工制定了特殊的食谱，限定矿工每人每天摄入的热量不超过2200卡路里，防止发生肥胖。考虑到矿工身处的环境十分敏感，营养学家将食品打包后利用通过管道运送至井下的几分钟时间，对食品进行高温加热，以防它们受到细菌感染。

有些矿工为了解闷想要抽烟喝酒。但智利政

什么是卡路里？

卡路里，英文Calorie，由英文音译而来。其定义为将1克水在1大气压下提升1℃所需要的热量。卡路里是能量单位，现在仍被大量使用在营养计量和健身手册上。国际标准的能量单位是焦耳。

府咨询了美国宇航局的相关专家,专家组的答复是:不允许。并表示,在一个封闭的空间,烟草有害于他们的健康。不过救援人员给矿工送去了戒烟贴片和尼古丁胶糖,这些东西能够减缓烟瘾发作。

在整个救援过程中,细节的完善成为保证救援工作顺利完成的基石。为了保证受困矿工的身体健康,来自美国的营养师专门制定了特殊食谱;救援人员为矿工提供了用灭菌铜纤维制造的短袜,以防止脚气的感染;由于长时间未见阳光,矿工出井时都会戴上一副造价450美元的太阳镜以保护眼睛……

而心理学家认为仅仅物质上的帮助是远远不够的,33名矿工心中充满了再也见不到亲人的恐惧。所以救援人员要将受困矿工与亲人交流的需要尽量满足,如把电话送至井下,让受困矿工可以与家人通话。通过"白兰鸽"受困矿工还可以时常与家人互通书信。从9月4日开始可通过柔韧性超强的光导纤维电缆与救援者和家属进行视频交流,这种电缆不管是在崎岖的峭壁还是蜿蜒的岩壁间都能够顺利地传输。在整个地下生活与营救行动过程中,光纤通讯设备担负起了现场直播的任务。从9月中旬开始，一名私人健身教练还通过闭路电视，每天带领受困矿工进行一个小时的健身。智利卫生部部长表示，这不仅帮助矿工保持良好的精神状态，还能让他们保持约69厘米的腰身，为以后通过窄洞上升创造条件。

另外，矿工共用一部iPod连接扩音器收听音乐广播。他们还能通过一个临时屏幕观看通过光纤电缆传输到地下的电视剧、电影和国家队的橄榄球赛。救援人员还指导家属通话的内容，所有的内容都朝着积极的目标，鼓励和支持被困矿工。

就这样，在专业医师、各种有趣的电子产品和家人的鼓励下，33位矿工终于在被困17天后奇迹般生还，其实大大小小的矿难在中国也经常发生，智利这一次犹如"外科手术般精准的运行"的救援活动其实给了我们很大的启示，只要在各个方面周全地考虑清楚，并相应地帮助受难人员，在现代科技发达的年代，我们将创造更多的奇迹。

▼ NASA为被困矿工提供太空口粮

治理酸雨
——给雨滴脱硫

　　不知道从什么时候起，从天上落下来的雨滴不再像以前那般纯净、美好。对于有些地区来说，人们开始担心下雨，担心在雨季的时候会不会遭遇一场突如其来的酸雨。随着空气污染的日益严重，现在，是时候为酸雨脱硫了!

酸雨会侵蚀各种建筑物

　　那么，这令人生畏的酸雨到底是什么呢？酸雨就是喝到嘴里发酸的雨吗？其实并不是这样的，酸雨的正式名称是酸性沉降，也就是pH值（酸碱度）小于5.65的酸性降水。

酸雨的成因有一小部分来自大自然,但是罪魁祸首还是人类排放到大气中的大量酸性物质。从近代工业革命开始到现在,人类越来越需要煤,越来越多的煤被投入锅炉燃烧。在燃烧煤的过程中生成大量二氧化硫,并且使空气中产生二氧化氮。大量酸性气体一同涌入大气之中,为酸雨的降落提供了温床。

酸雨是人类自己种下的苦果,自食其果的人类受到了重大损失。在加拿大,酸雨毁灭了1万多个湖泊,使4000多个湖泊濒临"死亡";欧洲有数千个美丽的湖泊也变得一片死寂,听不到蛙

酸雨可分为"湿沉降"与"干沉降"两大类:第一种指的是污染物(多含硫元素)随着各种降水形态而落到地面。"干沉降"则是指在不下雨的日子,从空中降下来的带有酸性物质的灰尘。就现在的情况来说,中国的酸雨的主要成因是大量燃烧含硫量高的煤形成的,多为硫酸雨。

◀ 火力发电是酸雨形成的重要原因之一

1952年英国伦敦烟雾事件：1952年12月5日，由于受到逆温层的影响，再加上伦敦冬季多使用燃煤采暖，城市上空累积了大量排放出来的废气，引发了数日的大雾天气，烟雾中夹杂了许多有毒气体。毒素对天空产生了巨大的影响，城市的白天犹如黑夜，许多市民感到呼吸困难，患上呼吸道疾病的病人明显增多，死亡率陡增，仅仅几天，伦敦死亡人数已达4000人。自从发生了毒素事件，英国才开始正视污染的治理，进行大刀阔斧的环境治理，英国才变得像现在这样美丽。

声，见不到鱼跃；在中国，重庆是酸雨侵蚀比较严重的地区，重庆嘉陵江大桥的钢梁每年被酸雨锈蚀0.38毫米，再这样下去不用30年，大桥就会因钢梁锈坏而发生危险。

上面触目惊心的数字，已经告诉了我们酸雨到底如何伤害我们，给我们带来损失，现在是时候为雨滴进行脱硫了。

为了降低煤燃烧时排放二氧化硫的量，燃煤脱硫技术很受各国重视，在煤燃烧整个过程中要对排出的气体进行层层过滤。

首先，在燃烧煤之前，先对煤块进行一次脱硫，初步去除煤中的部分硫分和灰分。初步脱硫中技术含量最高的是微生物法，运用的是类似细菌浸出金属的技术，在煤炭工业应用这项新型生物工程技术，可以比较有效地脱除煤中的硫。

在煤的燃烧过程中，还需要再一次脱硫。一般使用石灰石或白云石作为脱硫剂，脱硫剂在受热时生成的化学物质会与烟气中的二氧化硫反应，生成固体物，所生成的固体物可以随煤灰排出去。

　　最后是煤燃烧过后的后续工作——将大量烟气中的二氧化硫气体处理掉。这个步骤的基本原理是酸碱中和反应，烟气中的二氧化硫是酸性物质，通过与碱性物质发生中和反应，可脱除掉烟气中的二氧化硫。最常用的反应物是石灰石、生石灰和熟石灰，也可以用其他碱性物质来进行，比如海水等。

　　中国的燃煤脱硫技术还需要进一步的探索和提高，虽然脱硫率还不太高，但是随着科技的不断发展，中国的燃煤脱硫技术一定会日趋成熟，雨水的脱硫也会变得更加彻底。

▼ 燃煤脱硫技术能够降低二氧化硫排放量

还大海一片湛蓝
——治理赤潮

在许多人的脑海中，大海是与地平线相接的纯净和湛蓝。随着工业的发展、污水的排放，大海似乎早已失去了往日的纯净。当我们有机会来到海边时，可能不会再尽情地深呼吸，去呼吸海浪的味道，因为湛蓝的海水上时常漂浮着散发恶臭的红藻，滚滚海浪袭来，满目诡异的颜色，扑鼻的臭味。近几年，随着赤潮发生的次数越来越多，为了还给大海一片湛蓝，研究人员也想出了许多方法解决这个问题。

赤潮

近几年，越来越频繁发作的赤潮正在不断地侵蚀我们的大海，给人类的生活造成了不小的困扰。例如，2009年7月18日，连云港近海海域发生当年的第一次大面积带有毒性的赤潮，极大地侵害了人们的生命财产安全。

赤潮，被喻为"红色幽灵"，是一种异常现象，发生在海洋生态系统中。它是赤潮藻在特定的环境条件下爆发性地剧烈增殖所形成的一种灾害。而且，因为不同的生物种类和数量所引发的赤潮不一样，海水也会呈现黄、绿、褐色等不同的颜色。

滚滚诡异的海浪，翻滚着死亡的气息扑面而来，为海洋带来难以想象的危害：大量赤潮生物使鱼类因缺氧而死亡；赤潮藻死亡以后，它们的尸体仍然会继续消耗水中的氧气，也会导致海洋生物缺氧死亡；赤潮藻在分解时还会释放大量有害气体和毒素，给海洋生态系统造成极大破坏。

赤潮是海洋被严重污染的结果，追根溯源，罪魁祸首就是人类。人类向海洋中排放大量的工业废水和生活污水，如含磷的洗衣污水，造成

目前，赤潮的威胁已经扩展到越来越多的海域，世界上已有30多个国家和地区不同程度地受到过赤潮的危害，其中日本是受害最严重的国家之一。由于海洋污染日益加剧，而且没有及时进行治理，中国赤潮的发生频率也有加大的趋势，并由起初较少的发生在分散海域发展到成片海域。

水葫芦之灾与赤潮对人类的危害非常相似，但是水葫芦之灾属于生物入侵。从 20 世纪 60 年代开始，国外的水葫芦就开始到处肆虐。原本，中国想将水葫芦当作饲料引进，谁知竟泛滥成灾，闽台粤特别严重。漂洋过海、远道而来的水葫芦，就像汹涌而来的赤潮一样让人无法抵挡，成为了当今最大的绿色污染。

了海水的富营养化，为赤潮的形成提供了物质基础。因此，科学家根据赤潮发生的基础条件，想出了以下几个进行治理的方法。

第一个方法是目前国际上公认的黏土法。黏土法就是向受到污染的海域撒播黏土，利用黏土的微粒对赤潮生物的絮凝作用将赤潮生物去除掉，而且当撒播的黏土达到一定浓度时，能够把一半以上的赤潮藻去除掉，效果十分可观。

在这些方法当中，还有一个渐渐被人们所接受的方法——化学除藻法，这个方法利用化学药剂破坏藻类细胞的产生，从而杀灭赤潮生物。它的特点是很快就可以见到效果。起初使用的化学药剂是一种叫做硫酸铜的化学制剂，但是，这种药剂会危害渔业，药效持久性差，易引起铜的二次污染。

还有一种方法是利用

▲ 携带大量有害物质的工业废水排入海洋

生物来抑制赤潮的发生。这个方法治理赤潮包括三个方面：用鱼类控制藻类的生长；以水生高等植物来控制水体的富营养化趋势；还有就是以微生物来控制藻类的生长。其中，因为微生物繁殖能力强、没有污染的特点，微生物控藻成为了生物控藻里最有前途的一种方法。

　　我们能否成功地治理好赤潮，最重要的因素还是取决于我们人类。管理部门应该不断加强对海洋环境的保护，控制沿海地区废水废物的入海量，做好废水净化。此外，随着沿海养殖业的兴起，养殖场还应该建立小型蓄水站，防止养殖废水污染海洋。

　　希望在不久之后，赤潮就被人类打败，还给大海一片纯粹的湛蓝，蓝天、白云、大海能够再次组成一幅美妙的画卷。

◀ 请尽量不使用含磷的洗衣粉

地铁火灾
——防患于未然

　　地铁是一个发达城市的主要交通运输工具之一，而且地铁的出现带给人们非常大的便利。但是在2003年2月18日上午9时55分，韩国东南部城市大邱发生地铁纵火事件，导致198人死亡，146人受伤，289人失踪。韩国大邱地铁火灾再次向世界拉响了警报，让人们开始注意平时我们没有太留心的一个火灾点——地铁。

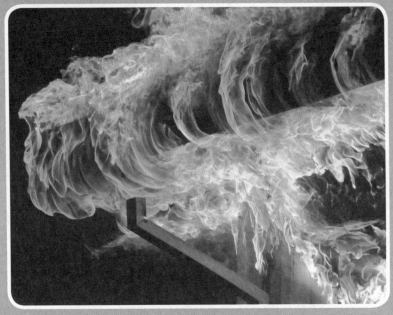

在地铁火灾中，有毒和高温的烟气是造成人员伤亡的最主要因素

地铁系统是现代大都市的标志性工程，既是地下交通网络，又是公众聚集场所，实际上，它还一直是消防工作中的重点和难点。地铁的空间有限，且人员密集，一旦火灾、恐怖袭击等灾难性事件发生，会造成巨大的人员伤亡和经济损失。

地铁通道网络复杂，安全出口少，一旦火灾发生，扑救和疏散相当困难。对于这样一个不仅人员密集，电气系统也很复杂，并且十分庞大的交通系统怎样才能保证它远离火灾呢？

发生地铁火灾时，有毒和高温的烟气是造成人员伤亡的最主要因素。据统计，在地铁火灾中，85％的被困人员是由于中毒或窒息死亡的。

火灾求生口诀：

熟悉环境，暗记出口。
扑灭小火，惠及他人。
保持镇静，明辨方向，
迅速撤离。不入险地，
不贪财物。简易防护，
蒙鼻葡匐。善用通道，
莫入电梯。缓降逃生，
滑绳自救。避难场所，
固守待援。缓晃轻抛，
寻求援助。火已及身，
切勿惊跑。跳楼有术，
虽损求生。

◀ 地铁系统是现代大都市的标志性工程

应对危机——

高科技与防灾

火灾容易发生的地方：家庭失火，高楼失火，酒店、影剧院、超市、体育馆等人员密集场所失火，汽车失火，森林火灾。

这些烟气不但害死乘客还是救援人员进行救援的最大障碍。韩国大邱地铁火灾，正是因为被有毒烟雾和高温阻挡，消防人员在火灾发生3小时后，才能深入地下开展救援，从而错过了最佳的救援时机。

中国地铁的发展时间较晚，采用了先进的阻燃材料，具备完善的预警系统和强大的安防能力，有着较高的安全系数，然而地铁本身是一个十分复杂的交通运输系统，再好的设备也不能掉以轻心。

那么，地铁防火，要从哪些方面做起呢？

首先，地铁设备要使用防火材料。例如地铁的座椅，用什么样的填充材料和罩面，是很讲究的事情。美国人倾向于用氯丁橡胶做椅垫，用含90%纯毛、10%尼龙的混纺材料做罩面。这种材料不会将火源传播到邻近座位，而且在高温时表面会形成一种碳保护层，不会生成有害的烟雾。但实际上一些国家的地铁已经统一使用不锈钢制造，可说是彻底解决隐患。

椅子可以不加套，电缆可不能裸露在外面，电缆的套壳是产生有害烟雾、气体的主要来源。英国伦敦运输执行局的专家花大力气进行电缆试验。他们发现，常规的聚氯乙烯绝缘护皮电缆在燃烧时产生的烟雾的毒性虽然不高，浓度却高得惊人。最后，他们研制了一种不含卤素，燃烧时产生烟雾很少的低烟电缆，绝缘材料为合成橡胶，填充材料为缓燃弹胶混合物，而外层护皮则是玻璃布带等。

车辆的防火设计必不可少。地铁的钢地板上通常要罩一层耐火盖板，电气设备和乘客要严格隔开。而整个车辆的易燃材料比重也要严格控制。至于化学灭火器的装配，要充分考虑到乘客的方便使用。

最后，也是最重要的，是地铁隧道内部的科学设计，既要有各种喷水灭火设施，更要为旅客留下容易认出的逃生线路，以及救援人员易于进入的救援通道。在发生火灾时，相关地段应该及时断电，启动排风扇排除烟雾为列车争取时间，列车进入最近的逃生地段后，乘客下车沿安全通道撤出。这种一体化的安防设计，确实考验着地铁系统设计人员的智慧。

▼ 地铁的车厢内部空间

扑灭森林里的火舌

　　希腊神话中，当人类无法驱散黑暗时，普罗米修斯怜悯人类，为人类偷来火种，但是他在为人类带来了温暖的同时也带来了灾难。茂密的森林里，浓烟不断，受到惊吓的动物们，从四面八方奔出，只为找到一个避难的地方，这就是森林火灾。在火灾之后，只剩下残存的黑色树木升起缕缕黑烟，一片荒凉。

森林火灾会给森林带来严重危害

　　森林火灾的定义分为广义和狭义的：广义上讲，凡是失去人为控制，带来了危害和损失的林火都称为森林火灾。狭义上讲，它就是一种突发性强、破坏性大、处置救助较为困难的自然灾害。

　　森林火灾极大的危害了森林。例如：2011年4月30日，延安市的国营林场因两名民工吸烟而被引燃，使森林资源严重受损。诸如此类的森林火灾中国每年都会发生几起，给中国的森林造成极大的伤害。

　　森林资源在中国国民经济中占有重要地位。森林能为国家建设提供所需的木材及林副产品，而且还起着释放氧气、保持水土、防风固沙、净化空气等多种作用。而如今，森林火灾已经成为破坏森林的自然灾害之首，严重破坏了生态环境、威胁人民生命财产。因此森林防火工作在中国防灾减灾工作中越来越重要。

　　森林火灾虽然来势凶猛，波及面大，但只要人类发现及时，却也不是不能挽救。

▼ 森林在我国经济中占有重要地位

有的森林火灾会持续一段时间，伴随而来的是烟雾危害。1997年发生在印度尼西亚的森林大火，燃烧了差不多一年，燃烧所产生的烟雾不仅造成严重的空气污染，而且还影响了新加坡、马来西亚、文莱等邻国。在烟雾扩散期间，为了保护自己，居住在新加坡的人们只好佩戴防毒面具以免吸入烟雾。

让我们首先了解一下能够直接灭火的化学灭火法，化学灭火可使用短效化学灭火剂和长效化学灭火剂。短效化学灭火剂是由水和润湿剂组合而成的，喷洒后可以迅速覆盖可燃物表面，并渗入其内部。如果在其中加入增稠剂，可使可燃物能够较长时间保持潮湿状态。长效化学灭火剂的持续性比短效灭火剂要高，当水分完全蒸发后，仍然能够在一定时间内保持有效。

航空化学灭火法指的是利用飞机喷洒化学药剂扑灭火灾，效果较为直接。航空化学灭火法能够有效地扑救交通不便、地形复杂地区的初发小火，是防止小火酿成大灾的有效灭火方法。在火势比较大的地方，航空化学灭火法可以设置隔离带，控制火势，为地面扑火创造有利战机。而且，航空化学灭火法远离地面，既可以减少救灾人员的伤亡，又可以控制火势。

中国在扑灭黑龙江伊春森林火灾时，政府派出多架直升机实施了航空化学灭火，很快就将森林大火熄灭，也证明了航空化学灭火法是行之有效的。化学灭火和机降灭火相结合时，它们的结果不仅仅只是简单的1+1=2，而是1+1=4。航空森林消防是人类抵御森林火灾最得力的办法。

扑灭森林火灾还有许多的方法，如覆土法、以火灭火法等。但是以上介绍的方法科学含量更高、更直接、有效。相信在科学发展日新月异的今天，森林火灾带来的伤害会越来越小，火舌将无法再在森林里肆虐。

科技含量较高的航空化学灭火法具有以下几方面优势：快速出击，及时控制火情；拦截大火头和重要火线，遏止火场的发展速度，为救援争取时间；喷洒隔离带或者扑灭高能量火头火线压低火势，更易于扑救；对于近距离草地小火，可以单独实施机群喷洒扑救，不必动用其他扑火力量，防止浪费资源。

▲ 航空化学灭火法

多重监测扼制森林火灾

森林火灾常常在人烟稀少的林中发生，难以被扑灭。倘若发现得稍晚一些，大火便会蔓延而一发不可收拾，所以当火灾刚刚发生时，能够检测出发生火灾的趋势显得特别重要。

传统以瞭望塔的方式监测森林火灾

随着各国对火灾越来越重视，森林防火和森林火灾检测技术开始越来越普及，各国相关研究进程也越来越快。在研究人员不断地努力下，已经出现了许多有效检测火灾的技术。下面就介绍一些森林防火和森林火灾检测技术。

森林火灾是一个国际难题，各国都在尽全力解决这个难题。德国在这一领域有领先优势，它的森林火灾自动预警系统具有十分广阔的监测范围。但是德国的系统却需要投入大笔资金，如果把这套系统安装在德国火灾经常发生的地区，需要上千万欧元。

美国是一个森林资源丰富的大国。每年夏天美国西部地区经常发生自然火灾。在2002年，美国俄勒冈州发生森林火灾，使上万人不得不远离家园，这场火灾也成为美国历史上受灾面积最大的火灾。由此可知，美国每年因为森林火灾遭受的损失有多么的巨大。为保护森林资源，美国定期出动护林和红外遥感火灾预警飞机进行巡逻，同时利用卫星探测地面是否出现高温地区，并且使用无人驾驶林火预警飞机进行24小时监测。这个方法虽然很有成效，但也耗费了巨额资金。

森林火灾不一定是人为造成的。森林中随处可见的有机物质，如乔木、草类、枯枝落叶、腐殖质和泥炭等都是可燃物。其中，可燃物燃烧时有火焰的叫作明火，能挥发可燃性气体产生火焰。反之，无焰燃烧的叫作暗火，不能分解足够可燃性气体，所以没有火焰，像泥炭、朽木等。

◀ 护林直升机

森林火灾的发生、蔓延和火灾的强度，并不是没有规律的发生改变的，它们也有自己的规律性：①年周期性变化。湿润的年份降水较多，一般不易发生火灾。②季节变化。在干、湿季分明的地区，干季比较容易发生火灾。③随太阳辐射强度的变化而变化。

国外的技术直接、有效，但却有较复杂的施工难度。有些技术的投资太大，高昂的成本令经济大国都感到难以承担。以上提及的高科技实在难以满足中国森林资源监测的实际需要，为此，一套符合中国国情的方法应运而生。

对于火灾，比较合乎国情的监测方法是进行地面巡护。地面巡护的主要任务就是宣传群众、控制人为火源、对死角进行巡逻，检查和监督来往人员及车辆。可是，地面巡护并不是万能的，在地势复杂时它也会不准确，在交通不便、人烟稀少的偏远山区，地面巡护是很难实现的。

要对火灾进行全面监测的话，一定少不了

瞭望台监测。瞭望台一般都建立在高地，观测视野比较开阔，效果好。但是，同地面巡护相同，瞭望台的观测也受地形的限制，会有死角和空白。若碰上雷雨或大雾天气，即使是瞭望台也无济于事。

▲ 采用卫星巡回监测森林火灾

作为一个卫星事业发达的国家，利用卫星进行火灾监测是必须的。卫星遥感将不同功能的卫星结合在一起探测林火能够较快发现热点，监测火势发生的情况，及时提供火场信息，并且能够将受灾面积大致是多少估算出来。

不论是国外，还是中国，都在追求效率高、成本低的技术来进行森林火灾迹象监测。因为，火灾的危害各国都清楚，也明白火灾蔓延前并不可怕，可怕的是火灾蔓延后带来的后果。

相信有了这些高科技的辅助，森林火灾带来的损失可以得到有效控制。

光化学烟雾
——神秘的杀手

日常生活中，浓雾常常在我们身边降临，特别是在春秋及梅雨季时，常会有大范围而且持久的浓雾出现。浓雾会让我们难以看清楚周围的事物，如果能见度不到200米，对陆上或海上的交通就会造成影响。有一种雾它不仅会蒙蔽人的双眼，还会让健康的人变得不再健康，那就是在工业发达城市会出现的——光化学烟雾。

减少机动车尾气排放

光化学烟雾呈现淡蓝色，属于大气中的二次污染物，因为它们是由最初的污染物质光解而产生的，所以我们把它叫作光化学烟雾。通常它们容易发生反应或氧化，因此光化学烟雾一直被认为是现代工业化的难题。

光化学烟雾的形成是大气中的氮氧化物与碳氢化合物经过紫外线照射发生反应。除此以外化石燃料和植物的焚烧，以及农田土壤和动物排泄物中的氮的转化都是空气中氮氧化合物的来源。但是，汽车尾气是造成光化学烟雾的罪魁祸首。所以光化学烟雾一般集中出现在发达的城市。

洛杉矶工业化条件得天独厚，它的金矿、石油和运河的开发都比其他地区要早，电影业中心好莱坞和美国第一个"迪斯尼乐园"也都建在了这里，城市迅速发展，人口越来越多，交通也渐渐变得拥挤。但是好景不长，从20世纪40年代开始，每年从夏季至早秋，每当阳光明媚时，天空就会出现一种弥漫天空的浅蓝色烟雾，让城市上空渐渐变得不再清晰。这种烟雾使人眼睛发红，咽喉疼痛，呼吸憋闷，头昏，头痛。1970年，竟然有75%的居民患了红眼病。这就是最早出现的新型大气污染事件——光化学烟雾污染事件。从此，人们发现，光化学烟雾这个狡猾的杀手已开始向一些发达的城市伸出了毒手，让人类饱尝空气被破坏后的痛苦。

光化学烟雾的重要特征之一是降低大气的能见度，使人视程缩短，危害交通。光化学烟雾破坏力影响非常广泛，会损害人和动物的身体，主要伤害有：眼睛和黏膜受刺激、头痛、呼吸障碍、慢

光化学烟雾的主要特征

烟雾弥漫，可视度降低。光化学烟雾一般发生在大气相对湿度较低、气温为 24 ～ 32℃的夏季晴天，在中午或午后达到污染的最大强度。光化学烟雾是一种循环过程，白天生成，夜幕降临时就消失。

应对危机——高科技与防灾

性呼吸道疾病恶化、儿童肺功能异常等。影响植物生长，植物细胞的渗透性会受臭氧影响，可导致高产作物的产量骤减，甚至摧毁植物的繁殖能力。光化学烟雾还会促成酸雨形成，造成橡胶制品老化、脆裂，使染料褪色，腐蚀建筑物和机器，并损害油漆涂料、纺织纤维和塑料制品等。

令人担心的是光化学烟雾一旦出现十分难被驱散，所以我们的首要任务是如何控制和防止光化学烟雾的出现，要预防它出现，就要像控制别的污染一样，首先控制污染源。

第一步必须减少氮氧化物和碳氢化合物的排放。氮氧化合物的主要来源是燃煤，近70%来自于煤炭的直接燃烧，可见固定源是一氧化氮的大量排放，因此控制固定源的排放特别重要。因此科学家建议改善能源结构，将天然气和二次能源的使用进行推广，如煤气、液化石油气、电等，加强对太阳能、风能、地热能等清洁能源的利用。还应发展区域集中供暖供热，设立大规模的热电厂和供热站，不再使用矮小烟囱。推广燃煤电厂烟气脱氮技术。

还要把机动车尾气的排放量减到最少，因为一氧化氮和碳氢化合物的另一个重要来源是机动车尾气

▲ 饱受光化学烟雾困扰的洛杉矶

的排放。当发动机汽缸里的燃料燃烧时，因燃料中含有碳、氢、氧之外的杂质，使得内燃机内的燃料无法完全燃烧，排放的尾气中含有一定量的一氧化碳、碳氢化合物、一氧化氮、微粒物质和臭气（甲醛、丙烯醛等）。因此要想有效预防光化学烟雾，就要控制机动车尾气的排放量。

利用化学抑制剂是另一种预防光化学烟雾十分有效的方法。使用化学抑制剂的目的是抑制易发生反应的化合物，使它们变成稳定状态，有害的物质就不会生成，从而控制光化学烟雾的形成。人们发现二乙基羟胺（DEHA）能够有效抑制光化学烟雾。在大气中喷洒0.05PPm（PPm是百万分率溶积浓度的单位，即百万分之一。）的二乙基羟胺，对光化学烟雾能发挥有效的抑制作用。但在使用的过程中，要注意抑制剂对人体和动植物的毒害作用，也要防止由抑制剂造成的二次污染。

虽然预防光化学烟雾的方法有很多，但在许多专家看来，最最根本的方法是植树造林，也是我们举手之劳就能做到的。实验证明，树木在一定浓度范围内，能将各种有毒气体吸收，起到净化空气的作用。因此应大力提倡植树造林，不但可以保护环境，绿化城市，而且为人类的生活增加了保护膜，从许多方面保护人类的正常生活。

什么是太阳辐射强度？

表示太阳辐射强弱的物理量，称为太阳辐射强度。单位是焦耳/厘米^2·分，即在单位时间内垂直投射到单位面积上的太阳辐射能量。

重金属污染
——科技是把双刃剑

科技越来越发达，工业发展越来越快，污染也越来越严重，人们时常只顾眼前的利益，等污染侵害了自身安全的时候才想起来要去治理污染。重金属污染就是一个很好的例子。

废弃干电池对环境伤害很大

常见重金属：

约有45种，如铜、铅、锌、铁、钴、镍、钒、铌、钽、钛、锰、镉、汞、钨、钼、金、银等。

重金属污染指由重金属或其化合物造成的环境污染。主要原因是采矿、废气排放、污水灌溉和使用重金属制品。因人类生产发展使土壤和水体的重金属含量超出正常范围，环境被污染恶化。目前中国由于在重金属的开采、冶炼、加工过程中，造成不少重金属如铅、汞、镉、钴等进入大气、水和土壤，对环境造成严重污染。

不仅仅是工厂生产时的排污，在我们日常生活中一些不经意的行为也会造成重金属污染，比如说随意将废旧干电池丢弃。在我们的日常生活中，照相机、录音机、计算器和电子闹钟等都需要用到干电池，而长期以来，干电池在中国生产时，要加入一种有毒的物质——汞或汞的化合物。现在中国是干电池使用大国，如果无法将废旧的干电池进行处理，让电池中的汞或汞的化合物融入土地或水体的话，后果将不堪设想。

这样说到底原因何在呢，因为汞就是我们俗称的水银。汞和汞的化合物都是有毒的，科学家发现，汞具有明显的神经毒性，并对内分泌系统、免疫系统等也有不良影响。20世纪50年代发生在日本的震惊世界的公害病——水俣病，就是因为汞污染危害了水源。所以为了确保公民的人身安全，以及土地、水体的洁净，将干电池合理地处理掉刻不容缓。

由于无法将重金属分解破坏，而只能将它们转移到别的地方或转变它们的物理和化学形态，从而将重金属去除。例如，当我们处理废水时，经化学沉淀处理后，废水中的重金属会转变成难溶性化合物而沉淀下来，从在水中变为了在污泥里；或者经离子交换处理后，废水中的重金属离子转移到离

可以使用农业工程技术治理土壤重金属污染，例如，使用改良剂，改变耕作制度，改变作物种类和肥料品种，翻耕或换土，以及向土壤中加入粘合剂以固定重金属，能够或多或少地将土壤中的重金属去除，或者使它毒性降低。在这方面，曹仁林、青长乐、蒋崇菊等人曾进行过研究，都取得了良好的效果。

子交换树脂上，经再生后又从离子交换树脂上转移到再生废液中。

治理土壤重金属，可以考虑改变重金属在土壤中的存在形态，使其由活化态转变为稳定态，不可能再与土壤结合，变成有危险性的物质；或是直接从土壤中去除重金属。

治理土壤重金属污染，有热解吸法、电化学法和提取法等。

对于具有挥发性的重金属，例如汞，采用加热的方法可以将其从土壤中分解出来，当达到一定体积时再回收利用。而对于渗透性不高，传导性较差的黏性土壤中的铜（Cu）、铬（Cr）、砷（As），根据电流能破坏金属的原理，用电化学的方法，使地下水中的重金属与水合铁氧化物形成沉淀，从而把重金属去除。这样处理过的水中的重金属离子浓度可以达到排放标准。

提取法分为冲洗法、洗土法和浸滤法，都是利用试剂和土壤中的重金属作用，形成溶解性的重金属离子，之后从提取液中回收重金属，提取液也可以循环利用。

最近几年的研究表明，表面活性剂对土壤中的某些重金属阳离子具有良好的解吸效果，所以能成功去除重金属污染。表面活性剂的分子越大，对重金属阳离子的解吸效果越明显。它们对不同重金属具有各自的专一性，而且在被污染土壤中能自发循环利用，因而应用前景也非常光明。

▲　一些特殊植物可以除去土壤中的重金属

生物学方法，主要是利用特殊植物和微生物来将土壤中的重金属去除掉或降低重金属的毒性。一些具有特定生理机制的植物可吸附重金属，或与重金属结合生成稳定的化合物，从而把重金属去除掉或降低重金属的毒性。目前相关研究中最活跃的领域之一，就是运用遗传基因工程技术来培育对重金属具有降毒能力的微生物，治理土壤重金属污染。

其实，最根本的解决方法是改变工业生产所用的材料。不用或少用毒性大的重金属；采用合理的工艺流程、科学的管理和操作，减少重金属用量，把排出废水的量减到最少，减少重金属的排放。重金属废水处理应当在产生地点就地处理，不同其他废水混合，以免让处理变得更加复杂。更不应当不经处理直接排入城市下水道，否则重金属污染将再次扩大。

空难
——悬挂的生命

　　飞机实现了人们飞天的梦想，一直都是最快捷最安全的交通工具。虽然是号称最安全的交通工具，但不幸的是一旦发生事故，人们很难生还。人们在每一次悲剧后，都要严格地分析事故原因，改进飞机性能，以使未来的乘客更加安全。

飞机起飞后6分钟和着陆前7分钟内最容易发生意外事故

　　飞机起飞后的6分钟和着陆前的7分钟内，意外事故发生的几率特别高，国际上称为"黑色13分钟"。据统计，在中国有65%的飞行事故发生在这13分钟内。所以在飞机上，在起飞和着陆的时候乘务人员都会提醒大家将所有电子产品关闭，以策安全。当然还有许多原因会造成飞机发生事故，比如说天气原因、飞机年久失修等。

空难不仅包括了平时民用飞机失事,载人航天飞机也难以避免。1986年1月28日,美国"挑战者"号航天飞机起飞时发生爆炸,7位宇航员全部遇难,成为到目前为止较大的航天灾难之一。失事原因是飞机右侧固态火箭推进器上面的一个O形环失效,于是一连串的反应出现,并且在升空后73秒时爆炸解体。包括太空仓本体与当时机上的7名太空员,在这次事故中全部毁灭。

飞机在空中不幸遭受意外时,如果爆炸没有马上发生,其实还是有生还的机会。当飞机在4268米以上的高度飞行时,要对座舱增压。如果飞机座舱失压,氧气就会不足,乘客会因此而头晕甚至失去知觉,乃至失去生命。氧气面罩是提供氧气的应急救生装置。一旦飞机座舱发生失密,氧气罩会自动从舱顶吊落下来,旅客应该带上氧气罩,直至飞机下降到旅客可以安全呼吸的高度时才能将它摘下。每个航班上都准备了足够的氧气面罩,即每位乘客都有配备,而且每排座位还多配装一副备用面罩。

如果发生了不可挽救的意外,就要明确事故发生的原因,以便修正错误,把意外的发生率降到最低。但是意外往往发生在一瞬间,那瞬间的景象也难以再现,所以这时候"黑匣子"就应运而生了。

应对危机——高科技与防灾

"挑战者"号失事的具体原因

　　气温过低时进行发射，冰出现在发射台上，造成固定右副燃料舱的O形环硬化、失效。点火时，火焰由上向下，O形环要及时膨胀，但O形环已经失效，火焰往外冒，黑烟不断冒出。但是由于燃料中添加了铝，燃烧形成的铝渣堵住了裂缝，在明火冲出裂缝前临时替代了O形环的密封作用。在爆炸前十几秒，一股强气流吹向航天飞机，威力相当于卡特里娜飓风。凝结尾出现了不同寻常的"Z"字尾。接下来的震动让铝渣脱落，把最后一个防止明火从接缝处泄漏的障碍移除，火焰喷射在主燃料舱上。在爆炸前一秒，火焰烧灼让主燃料舱的O形环脱落，于是主燃料舱底部也脱落。航天飞机的机鼻也撞上了主燃料舱的顶部。在发射后73秒，"挑战者"号在40000公升燃料的爆炸下，瞬间成为碎片。

　　所谓"黑匣子"是飞机专用的电子记录设备之一，它的全称叫做航空飞行记录器。别看"黑匣子"只是一个不显眼的小小盒子，里面却配备有飞行数据记录器和舱声录音器，飞机各机械部位和电子仪器仪表都装有传感器与之相连，能够把当时情景下的声音全都记录下来。它能记录下飞机停止工作或失事坠毁前半小时的有关技术参数和驾驶舱内的声音，需要时把所记录的参数重新放出来，供飞行实验、事故分析之用。"黑匣子"具有极强的抗火、耐压、耐冲击振动、耐海水和煤油浸泡、抗磁干扰等能力，即使飞机粉身碎骨，这些能力也能让它把当时的数据完美无缺地保存下来。毫不夸张地说，世界上所有的空难原因都是通过"黑匣子"找出来的。现在的"黑匣子"的外壳是明亮的桔红色。这种明亮显眼的颜色，以及外部的反射条带，能让搜救人员尽快找到它，特别是飞机坠落在水上或者沙漠、草丛等不易被发现的地方时，就更重要了。

　　目前，在客机和军用飞机上的"黑匣子"一般分为两种，一种是称为飞机数据记录器的"黑匣子"，飞行中的各种数据由它专门负责，如飞行的时间、速度、高度、飞机舵面的偏度、发动机的转速、温度等,可累计记录25小时。起飞前,只要将"黑匣子"的开关打开,飞行时上述的各种数据都将收入"黑匣子"内。一旦出现空难,人们从"黑匣子"中就能找到整个事故过程中的飞行参数,从而分析飞机失事的原因。而这种黑匣子更多的是用在军用飞机上,测试飞机的各种新性能。另一种称为飞行员语言记录器的"黑匣子",在民用飞机上使用最多,因为它就像一台录音机,通过安放在驾驶舱及座舱内的音频线路,录下飞行员与飞行员之间以及座舱内乘客、劫机者与空中小姐的讲话声,它记录的时间为30分钟,超过30分钟录音又会从头开始。因此这种"黑匣子"内录存的是空难30分钟前机内的重要信息,同样也是民用飞机改进性能的一个重要参考。

虽然"黑匣子"十分坚固,能为我们提供有效准确的信息,但每个人仍然希望尽量不要看到它们的身影。一旦发现,就要充分利用"黑匣子"记录的内容,将飞机的防灾措施更好地加以改进,使乘客可以更加放心地享受自己翱翔天空的快乐。

高速公路上的死亡飞车

我们一起来看一串触目惊心的数字：2011年，全国共接报涉及人员财产伤亡的交通事故21万余起，死亡6万2千多人。据统计，十年间，我国高速公路死亡人数年均增长率达19.9％，受伤人数年均增长率达到10.9％。交通部门的一叠叠车祸材料，犹如一份份"死亡档案"，记录着一幕幕人间惨剧。

大客车事故

从1990年第一条高速公路"沈大高速公路"的建成，到2011年，我国高速公路总里程已达8.5万余千米，排名仅次于美国。但由于我国高速公路的出现时间较晚，管理上还不够完善，行车司机的安全意识不够，造成目前高速公路上交通事故频发。据统计，我国高速公路事故发生率高于普通公路，甚至有些高速公路的事故发生率高于普通公路的五倍。

有人比喻交通事故是没有硝烟的战争。我们了解到，全球每年因交通事故死亡约50万人，而且多数为16~40岁的青壮年。在20世纪的100年间，全球交通事故死亡约3300万人，比两次世界大战死亡的总人数还多。因交通事故引发的民事纠纷和上访事件也随之发生，对社会安定和经济发展产生不利影响，俨然成为文明社会的一大公害。

那么为什么会造成如此多的交通事故呢？到底是司机的原因，还是行驶的公路在作怪呢？

一方面，在事故多发路段，地形往往复杂，弯道、坡道多，桥梁、涵洞、隧道多，上、下坡度大，于是这些路段就变成了魔鬼公路，这也是酿

雷达测速仪：雷达测速是根据对移动物体接受电磁波产生频移从而测得运动速度这样的原理制成的。当目标向雷达天线靠近时，反射信号频率将高于发射机频率；当目标远离天线而去时，反射信号频率将低于发射机频率。根据频率的改变数值，可以计算出目标与雷达的相对速度。雷达测速具有扫描面大，易于捕捉目标的特点。

路障机：主要是为敏感区域防止非准入车辆强行闯入而专门研发的，具有很高的实用性、可靠性及安全性。由主机架、液压传动站、电控等三部分组成。

成重大交通事故的客观原因。对于这种路段，交通管理部门就要进行专门管理，采取改造道路、增加警示牌等方法，提高道路本身的安全性。

另一方面，除了周围的环境原因外，还有驾驶员自己的责任，他们往往疲劳驾驶、酒后驾驶、超速行驶、违章变更车道等。其中，疲劳驾驶是罪魁祸首。由于高速公路全封闭，车辆单向交通，行车速度很快，驾驶员长时间在这种单调的环境中行车，心理很容易麻痹，甚至疲劳打瞌睡。有时，他们不按有关交通标志要求将车速降低，致使遇到高速公路尾部弯道、匝道或前方车辆停车等情况时，来不及采取有效措施而引发交通事故。

可见，不仅是环境的问题，司机个人也要注意驾驶方面的操作，以免危害他人和自己的生命。

有些人试图在高速公路上投机取巧，超速行驶的车辆遇到电子眼就立即减速，这也是一些司机躲避测速时的常用做法。可是，你知道吗，这招已经失灵了。新研发的"区间测速"系统，将会通过测量车辆通过相邻两个电子眼时所用的时间,进而测算出车辆的行驶速度。假如你超速了,对不起,接受罚单吧!还有,如果你的车型、车牌、颜色与登记时的不符,系统就会自动报警,通知民警进行拦截。

一路畅通,是我们每一个出行者的心愿,为了我们每个人都能安全放心地行驶在宽广的高速公路上,需要加强科学的高速公路管理,驾驶员更要树立自身安全意识,杜绝高速公路上的死亡飞车!

▲ 面目全非的小轿车

做自己的守护卫士

每个人都有可能遇到突发状况，如何预防，如何避免伤害，如何进行自我救护，都是我们成长中的必修课，天灾我们无法阻止，人祸有时也避免不了，所以，做自己的守护者，用自己的力量保护你和周围需要帮助的人吧。

在太空中看台风

中国国土广阔，气候条件复杂，是世界上自然灾害损失最严重的少数国家之一，除火山灾害外，几乎所有的自然灾害，如水灾、旱灾、地震、台风、冰雹、雪灾、山体滑坡、泥石流、病虫害、森林火灾等，每年都有发生。面对可能遇到的自然灾害，我们应该掌握面对常见自然灾害时的自救常识，提高应变能力。在遇到自然灾害时，能够保持冷静，迅速地分析情况，做好自救和逃生准备。

若突遇地震，身处不同场所，要因地制宜采取合适的避震措施。

台风预警信号

预防台风灾害，关键在于预警。中国气象局把台风预警信号分为蓝色、黄色、橙色和红色四级。其中，最低一级的台风蓝色预警信号表示24小时内可能或者已经受热带气旋影响，沿海或者陆地平均风力达6级以上，或者阵风8级以上并可能持续。最高一级台风红色预警信号，则极为紧迫，时间在6小时内，平均风力高达12级以上，或者阵风达14级以上。

▲　地震教室自救演习

球状闪电是一种尚未研究清楚的神秘自然现象,通常都在雷暴之下发生。这是一种十分光亮的圆球体,大小不一,小的直径只有几厘米,大的直径有1米。球状闪电通常单独出现,偶尔也会成群出动,在空气中缓慢游走。球状闪电的寿命很短,通常只有几十秒,但也有长达数分钟的。至于色彩方面,也是多种多样,有橙色、红色、蓝色、绿色和白色,等等。球状闪电会击毁室内的电器,甚至还能飘到高空飞行的客机的客舱里,引起恐慌。不过总的说来,伤人的案例并不多。

在楼房住所发生地震,应尽快跑到墙角、卫生间等开间小有支撑的房间就地避震。卫生间里有水,是维生的重要条件。千万不能待在床上、窗户边、阳台、楼梯等,它们是楼房建筑中支撑最弱的部位。不要乘电梯,更不可跳楼。电梯在地震时会变形,一旦卡死,就很难逃生。

在学校或公共场所发生地震,应就地蹲在桌子或其他支撑物下面,用手或其他东西保护头部,避开吊灯、吊扇等悬挂物,远离玻璃门窗、橱窗、柜台,尤其是不能待在高大的货架旁边。要听从指挥,有组织地迅速撤离。

如果在户外发生地震,应迅速离开建筑密集的地方,就近选择开阔地带避震。要知道,地震时,室外受伤人员多是被高空坠物给砸中的。

在遭遇洪水时,首先应迅速登上山坡、高地、牢固的高层建筑避险,并及时与救援部门取得联系。同时,注意收集各种漂浮物,如木盆、木桶甚至塑料桶、饮料瓶等,捆绑起来,都是避免溺水的好工具。

住在沿海地区,会经常遇到台风。最重要的是要注意气象部门发布的预警信号。台风期间尽量不要外出,必须外出时,要穿好雨衣,行走时将身体紧缩成一团，步步走稳，顺风时绝对不能跑，避免被刮走。要贴着路边走，尽可能抓住墙角、栅栏、柱子等固定物行走。在穿过建筑物密集的街道时很危险，要特别注意不要被倒下的树木或不明物体砸伤。经过狭窄的桥或高处时，最好伏下身爬行，因为此时一旦落水将很难营救。台风常伴随暴雨，要注意路上水深，避免掉落深坑。

雷电也是常见的自然灾害，雷电天气时，应把电视的户外天线插头和电源插头拔掉，

▼ 城市上空的闪电

应对危机——高科技与防灾

最好拉闸断电。关好门窗，防止球形闪电窜入室内造成危害。如果正好在室外，要远离树木、楼房等高大物体，尽量不要用手机。人在遭受雷击前，会突然有头发竖起或皮肤颤动的感觉，这时应立刻躺倒在地，或蜷成一团，通常可以避过雷击。

与沙尘暴相伴的是狂风，所以，沙尘暴发生时，要少外出。必须外出时，最好戴上口罩和防风镜，避免沙尘对呼吸道和眼睛的伤害。过马路要小心车辆，也可在商场、饭店暂避。要远离广告牌、树木、河流、湖泊、水池等，以免被砸伤或被吹落水中溺水。骑车、开车时要减速慢行。

牢记这些自救守则，做自己的守护卫士，用自己的力量保护你和他人吧！

▲ 大型沙尘暴袭击城市